高等职业教育土建类专业课程改革系列教材

浙江省级精品在线开放课程配套教材

建筑构造与制图综合训练

主　　编　张弦波　郑朝灿

副主编　朱锋盼　张琳娜

参　　编　张正林　程显风　楼　聪　陈重东

　　　　　韦　芬　曹　锐　李　思　楼森宇

机 械 工 业 出 版 社

本书与朱锋盼、郑朝灿主编的《建筑构造与制图》(ISBN 978 - 7 - 111 - 68926 - 3,机械工业出版社出版)主教材配合使用。本书在内容上设计了传达室识图、多层住宅楼识图、高层办公楼识图、单层工业厂房识图四个教学训练项目,选取居住建筑、公共建筑、工业建筑三种主要建筑类型,与主教材相呼应。本书将建筑识图、建筑构造、结构识图融合在一起,将相对零散的知识点进行了统一和融合。

本书既可作为高等职业教育土建施工类、建设工程管理类、建筑设计类专业的授课用书,也可作为相关从业人员的培训用书。

图书在版编目(CIP)数据

建筑构造与制图综合训练/张弦波,郑朝灿主编 .—北京:机械工业出版社,2022. 11

高等职业教育土建类专业课程改革系列教材

ISBN 978-7-111-72697-5

Ⅰ.①建…　Ⅱ.①张…　②郑…　Ⅲ.①建筑构造 – 高等职业教育 – 教学参考资料 ②建筑制图 – 高等职业教育 – 教学参考资料　Ⅳ.①TU2

中国国家版本馆 CIP 数据核字(2023)第 035201 号

机械工业出版社(北京市百万庄大街 22 号　邮政编码 100037)

策划编辑:常金锋　覃密道　　责任编辑:常金锋　陈将浪

责任校对:王明欣　贾立萍　　封面设计:张　静

责任印制:李　昂

北京捷迅佳彩印刷有限公司印刷

2023 年 6 月第 1 版第 1 次印刷

370mm×260mm · 14 印张 · 343 千字

标准书号:ISBN 978-7-111-72697-5

定价:45.00 元

电话服务　　　　　　　　　网络服务

客服电话:010 – 88361066　　机　工　官　网:www.cmpbook.com

　　　　　010 – 88379833　　机　工　官　博:weibo.com/cmp1952

　　　　　010 – 68326294　　金　书　网:www.golden – book.com

封底无防伪标均为盗版　　机工教育服务网:www.cmpedu.com

前　言

　　本书既可与朱锋盼、郑朝灿主编的《建筑构造与制图》（ISBN 978-7-111-68926-3，机械工业出版社出版）配套使用，也可作为建筑识图类课程的教材单独使用。

　　"建筑构造与制图"是一门实践性颇强的课程，习题和作业是实践性教学环节的重要内容，是帮助学生消化、巩固基础理论和基本知识，训练基本技能，提高学生绘图和识图能力的不二途径，从而为学生职业能力的培养打下坚实的基础。为便于教学，本书的编排顺序与配套的主教材一致。习题和作业有一定的余量，在保证课程教学基本要求的前提下，教师可以根据专业和学时数的不同，按实际情况选用，也可另行补充。

　　本书由张弦波、郑朝灿任主编，由朱锋盼、张琳娜任副主编。参加编写的人员还有张正林、程显风、楼聪、陈重东、韦芬、曹锐、李思、楼森宇。

　　由于编者水平有限，书中疏漏和不妥之处在所难免，在此恳请广大读者提出宝贵意见，以便我们改进和完善。

编　者

目　　录

1.1　单层传达室建筑施工图

建筑设计说明

一、设计依据

（1）经有关部门审核通过的本工程建筑方案设计。

（2）本工程结构形式为框架结构。

（3）国家及浙江省发布的有关设计规范、标准及规定等。

二、建筑概况

（1）工程名称：金华市××研究所职工拆迁安置小区传达室。

（2）建设地点：××南路以南，××东路以西。

（3）本工程占地面积为42m²。

（4）本工程建筑面积为42m²。

（5）本工程结构安全等级为二级。

（6）本工程建筑层数为一层，建筑高度为4.35m。

（7）本工程位于地震动峰值加速度<0.05g的地区，按非抗震设计。

（8）本工程建筑防火等级为二级；屋面防水等级为三级。

（9）本工程设计使用年限为50年。

三、设计标高

（1）除标高均以米为单位外，其余均以毫米为单位。

（2）本工程室内地坪设计标高为±0.000。

四、墙体做法

墙体均采用240mm厚页岩多孔砖。

五、屋面防水等级为三级，设计使用年限为10年。

1. 屋面做法（平屋面）

（1）500mm厚人工种植土。

（2）玻璃纤维布一层。

（3）塑料板排蓄水层（具体见厂家产品）。

（4）40mm厚C20细石混凝土随捣随抹（Φ4@150mm双向）。

（5）干铺油毡一层。

（6）40mm厚聚苯乙烯挤塑保温隔热板。

（7）3mm厚SBS改性沥青防水卷材（Ⅱ型）一道。

（8）20mm厚1:3水泥砂浆找平。

（9）1:8煤渣混凝土找坡层（最薄处30mm厚，煤渣:混凝土＝8:1）。

（10）100mm厚现浇钢筋混凝土屋面。

2. 雨篷做法

（1）20mm厚1:3水泥砂浆找平。

（2）钢筋混凝土底板。

（3）20mm厚1:3水泥砂浆底。

六、外装修及做法

外墙为高级外墙面砖（外墙涂料）；8mm厚1:2水泥砂浆面，12mm厚1:3水泥砂浆底。

七、内装修

详见室内装修用料表。

八、门窗

（1）门窗详见平面图。

（2）玻璃选用白片玻璃，铝合金选用818系列。

九、其他

（1）散水做法见"浙J18－95 $\frac{2}{3}$"，宽度为600mm，每3000mm处设伸缩缝，沥青嵌缝。

（2）雨水管用白色UPVC管材及配套雨水斗，屋面雨水口加箅子球（塑料制品）。

（3）凡有预留孔洞、预埋件时，在施工时须与各有关结构、水电等相关专业图纸密切配合施工。

（4）所有本设计涉及的装修面层材料和色彩均由厂商、承包商制作小样后，由设计单位认可后方可施工。油漆施工：外露金属构件刷防锈漆一道、调和漆一道，颜色另定。

（5）檐部做法参考右侧 $\frac{1}{J-02}$ 样式，窗台顶部做法参考右侧 $\frac{2}{J-02}$ 样式。

（6）工程施工安装必须严格遵守各项施工规范、验收规范的规定，其余未尽事项均按现行建筑施工规范及施工验收规范执行。

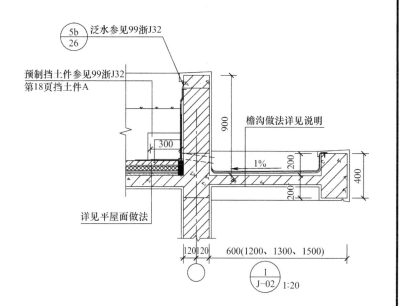

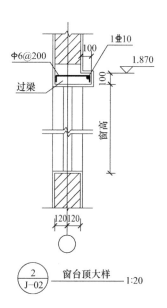

室内装修用料表

类别	墙面	地面	踢脚板	顶棚
房间	乳胶漆刷白两度 纸筋灰面 10mm厚1:1:6混合砂浆面	20mm厚1:2.5水泥砂浆面 70mm厚C20混凝土 80mm厚碎石垫层， 素土夯实	1:2.5水泥砂浆面，高为150mm	喷白色内墙涂料 2mm厚纸筋灰面 6mm厚1:0.3:3水泥砂浆面

门窗表

类别	设计编号	洞口尺寸/mm 宽	洞口尺寸/mm 高	数量	采用标准图集及编号 图集代号	采用标准图集及编号 编号	备注
门	M1	900	2400	2	浙J2-93	16M0924	—
门	M2	800	2400	2	浙J2-93	16M0824	—
窗	C1	按实际尺寸	1800	1	99浙J7	仿LTC2718C	—
窗	C2	900	1800	1	99浙J7	LTC0918B	—
窗	C3	800	1800	1	99浙J7	仿LTC0918B	—
窗	C4	900	900	1	99浙J7	LTC0909B	窗台高1800mm

注：门窗数量以平面图为准；卫生间窗户为磨砂玻璃。

×××市建筑 设计研究院	审定人		校对人		工程名称	传达室	图纸 名称	建筑设计说明	工程编号		阶段	施工图
	审核人		设计负责人						日期		
	项目负责人		设计人		项目名称	×××小区			图号	建施01	比例	

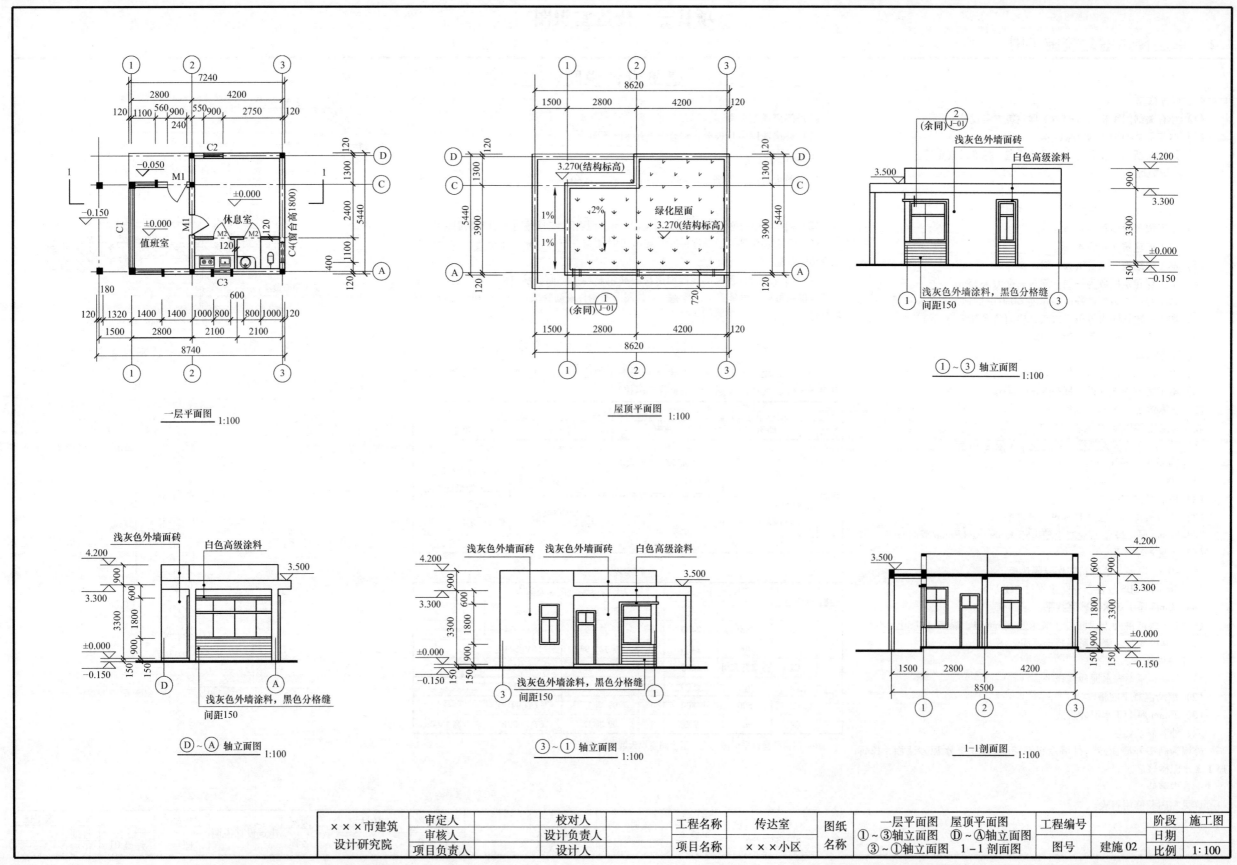

一层平面图 1:100

屋顶平面图 1:100

①～③轴立面图 1:100

Ⓓ～Ⓐ轴立面图 1:100

③～①轴立面图 1:100

1-1剖面图 1:100

×××市建筑设计研究院	审定人		校对人		工程名称	传达室	图纸名称	一层平面图 屋顶平面图 ①～③轴立面图 Ⓓ～Ⓐ轴立面图 ③～①轴立面图 1-1剖面图	工程编号		阶段	施工图
	审核人		设计负责人								日期	
	项目负责人		设计人		项目名称	×××小区			图号	建施02	比例	1:100

2

1.2 单层传达室结构施工图

结构设计说明

一、设计依据

(1) 按国家现行标准、规范、规程和有关审批文件进行设计。

(2) 选用的主要规范及规程：

- 《建筑结构可靠性设计统一标准》(GB 50068—2018)
- 《建筑地基基础设计规范》(GB 50007—2011)
- 《砌体结构设计规范》(GB 50003—2011)
- 《砌体结构工程施工质量验收规范》(GB 50203—2011)
- 《建筑结构荷载规范》(GB 50009—2012)
- 《混凝土结构设计规范》(GB 50010—2010)
- 《混凝土结构工程施工质量验收规范》(GB 50204—2015)

二、工程概况

(1) 本工程结构安全等级为二级，结构设计使用年限为50年。

(2) 本工程位于地震动峰值加速度值 <0.05g 的地区，按非抗震设计。

(3) 本工程结构体系为框架结构，主体共一层。

(4) 本工程地基基础设计等级为丙级；屋面防水等级为三级。

(5) 本工程混凝土环境类别属于一类、二类a；结构耐火等级为二级。

(6) 本工程场地类别为Ⅱ类；地面粗糙度为B类。

(7) 标高以米为单位，其余均以毫米为单位。

三、荷载取值

(1) 恒荷载取值：钢筋混凝土为 $25kN/m^3$；机制KP1（圆孔）多孔砖为 $16.7kN/m^3$（最大值）或 $14.2kN/m^3$（最小值）。

(2) 活荷载取值：非上人屋面为 $0.5kN/m^2$。

(3) 自然荷载取值：基本风压为 $0.35kN/m^2$；基本雪压为 $0.55kN/m^2$。

四、地基基础部分

(1) 本工程地基基础设计等级为丙级；基础施工说明详见结施02。

(2) 基础施工时若发现地质实际情况与设计要求不符，须通知设计人员及地质勘察工程师共同研究处理。

五、材料

1. 钢材

(1) Φ为HPB300钢筋；⊈为HRB400钢筋。

(2) 所有外露铁件均除锈，涂红丹二道。

2. 焊条

选用E43××型与E50××型焊条：

(1) E43××型：用于HPB300钢筋与HPB300钢筋、HPB300钢筋与HRB400钢筋的焊接。

(2) E50××型：用于HRB400钢筋与HRB400钢筋的焊接。

3. 混凝土

混凝土强度等级：未注明的混凝土均采用C25。

4. 砌体

(1) ±0.000以下墙体采用M7.5水泥砂浆砌筑MU10实心砖，墙两侧采用20mm厚1:3水泥砂浆抹面。

(2) ±0.000以上墙体采用M5混合砂浆砌筑MU10页岩多孔砖。

5. 主要构件的防火等级

表 1

构件名称	结构厚度或截面最小尺寸/cm	耐火极限/h	燃烧性能
非承重墙	24	1.0	非燃烧体
钢筋混凝土柱	37×37	2.5	非燃烧体
梁	—	1.5	非燃烧体
板	12	1.0	非燃烧体

6. 混凝土耐久性的基本要求

表 2

环境类别	最大水灰比	最小水泥用量/(kg/m³)	最低混凝土强度等级	最大氯离子含量/(%)	最大碱含量/(kg/m³)	裂缝控制等级
一类	0.65	225	C20	1.0	不限制	三级
二类a	0.60	250	C25	0.3	3.0	三级

六、结构构造与施工要求

1. 钢筋的混凝土保护层厚度

(1) 纵向受力钢筋的混凝土保护层最小厚度应满足下列要求：

表 3

环境类别	板、墙、壳		梁		柱	
	≤C20	C25~C45	≤C20	C25~C45	≤C20	C25~C45
一类	20mm	15mm	30mm	25mm	30mm	30mm
二类a	—	20mm	—	30mm	—	30mm

(2) 基础中纵向受力钢筋的混凝土保护层厚度不小于40mm；无垫层时不应小于70mm。

(3) 板、墙、壳中分布筋的混凝土保护层厚度按表3相应数值减10mm，且不应小于10mm；梁与柱中箍筋和构造钢筋的保护层厚度不应小于15mm。

2. 钢筋接头连接

(1) 纵向受拉钢筋的最小锚固长度 L_a 要求：

表 4

纵向受拉钢筋的最小锚固长度 L_a/mm			
混凝土强度等级 钢筋种类	C25	C30	C35
HPB300钢筋	34d	30d	28d
HRB400钢筋	40d	35d	32d

(2) 任何情况下锚固长度不得小于250mm。

(3) 钢筋采用焊接连接时，焊接长度为10d（单面焊）或5d（双面焊）；柱中钢筋宜采用对焊。搭接长度 $L=\zeta L_a$，纵向受拉钢筋搭接长度修正系数如下：

表 5

纵向受拉钢筋搭接接头面积百分率（%）	≤25	50	100
ζ	1.2	1.4	1.6

3. 梁

(1) 上部结构梁的上部筋不得在支座处搭接，下部筋不得在跨中搭接。

(2) 梁跨度≥5.0m时，模板应按跨度的0.3%起拱，悬臂构件均应按悬臂挑出长度的0.5%起拱。

(3) 悬臂梁板、转换构件须待混凝土强度达到100%后方可拆除模板。

(4) 箍筋应封闭，末端做成90°弯钩，弯钩端头平直段长度不小于5d，且不小于50mm；抗扭箍筋应封闭，末端做成135°弯钩，弯钩端头平直段长度不小于10d，且不小于75mm。

4. 柱与构造柱

(1) 柱内箍筋采用封闭箍，并应考虑主筋的搭接情况。

(2) 梁、柱节点核心区箍筋的直径、间距及肢数均与柱身相同，核心区高度为相交于该节点的最高梁顶与最低梁底的范围。

(3) 凡柱与现浇过梁的相交处，均应按设计要求在柱内预留相应的插筋，插筋伸出柱外长度均≥35d。

(4) 砖墙与柱（构造柱）之间设拉结筋，应沿竖向每隔500mm设置2Φ6拉结筋，拉结筋伸入墙体长度为500mm；图中未注明的构造柱尺寸均为240mm×240mm；配筋为4⊈14，Φ6@200mm。

5. 板

(1) 单向板底筋的分布筋及单向板、双向板支座负筋的分布筋均为Φ6@200mm。

(2) 双向板的底筋，其短向筋放在下层，长向筋放在短向筋之上。

(3) 板底筋锚入支座（梁或墙）内5d，且伸过支座中线。

(4) 现浇板的负筋、架立筋均为Φ6@200mm。

(5) 开洞楼板除注明做法外，当洞宽小于300mm时不设附加筋；板筋过洞口时，不需切断。

(6) 上（下）水管道及设备孔洞均需按平面图所示的位置及尺寸预留，不得后凿。

6. 砌体结构

(1) 砌体施工质量控制等级为B级，多孔砖砌筑构造参见96SJ101。

(2) 砖与混凝土交接处均贴300mm宽铅丝网（每边150mm）。

(3) 所有没有梁的门窗顶，均设C25混凝土过梁，宽同墙宽：

1) 洞口宽度≤1200mm的，过梁高 H=100mm，底部为 3Φ8，分布筋为 Φᵇ4@200mm。

2) 1200mm＜洞口宽度≤1800mm的，H=200mm，上部筋为2⊈12，下部筋为2⊈12，箍筋为Φ6@200mm。

3) 1800mm＜洞口宽度≤2400mm的，H=200mm，上部筋为2⊈14，下部筋为2⊈14，箍筋为Φ6@200mm。

4) 2400mm＜洞口宽度≤3000mm的，H=300mm，上部筋为2⊈16，下部筋为2⊈16，箍筋为Φ6@200mm。

5) 3000mm＜洞口宽度≤3900mm的，H=300mm，上部筋为3⊈16，下部筋为3⊈16，箍筋为Φ6@200mm。

过梁长度均为洞口宽度加500mm。若洞口在柱边，柱内应预留过梁主筋。

(4) 若后砌填充墙不砌至梁板底时，在墙顶上必须设一道长压顶梁，梁宽同墙宽，高度为200mm；配筋为上下各2⊈12，箍筋为Φ6@200mm。

(5) 砌块墙体上开设管（线）槽时应用开槽机施工，严禁敲击成槽。管线埋设后，小孔和小槽用水泥砂浆填补，大孔和大槽用细石混凝土填满。

(6) 未经设计许可，不得随意改变填充墙的位置或增加填充墙。

七、建筑物沉降观测

沉降观测点设置于室外地面以上300mm处，施工-0.030标高位置时首次观测，以后每完成一个结构层观测一次。到顶后每月观测一次，竣工后每年观测三次，直到沉降稳定为止。如沉降有异常应及时通知设计单位。

八、其他

(1) 施工中应严格遵守国家各项施工及验收规范，本设计未考虑高温及冬（雨）期施工措施，施工单位应根据有关规范自定施工措施。

(2) 楼层房间应按设计规定使用，未经同意不得任意修改用途，同时也不得在梁板上增设建筑图中未注明的隔墙，面荷载为 $1.1kN/m^2$ 的轻质隔墙除外。

(3) 预留洞口、预埋件应严格按照结构图并配合其他工种进行施工，严禁自行留洞或事后凿洞。给（排）水及暖通工种的外墙套管和直径≤300mm的楼板预留孔详见该工种相应图纸。

(4) 本工程采用PKPM系列软件进行辅助计算及分析，制图采用22G101-1图集，未注明梁、墙、柱节点参照22G101-1图集的非抗震部分。

(5) 本图未尽事宜处，请按有关规范、规程进行施工，并及时与设计人员联系。

(6) 部分细部构造图如下：

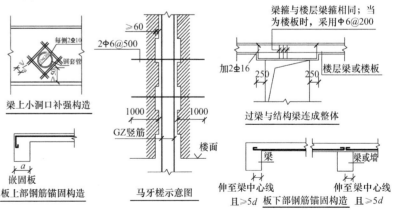

梁上小洞口补强构造

嵌固板

板上部钢筋锚固构造

GZ竖筋

马牙槎示意图

梁箍与楼层梁箍相同，当为楼板时，采用Φ6@200

过梁与结构梁连成整体

楼层梁或楼板

板下部钢筋锚固构造

×××市建筑设计研究院	审定人		校对人		工程名称	传达室	图纸名称	结构设计说明	工程编号		阶段	施工图
	审核人		设计负责人						日期			
	项目负责人		设计人		项目名称	×××小区			图号	结施01	比例	

3

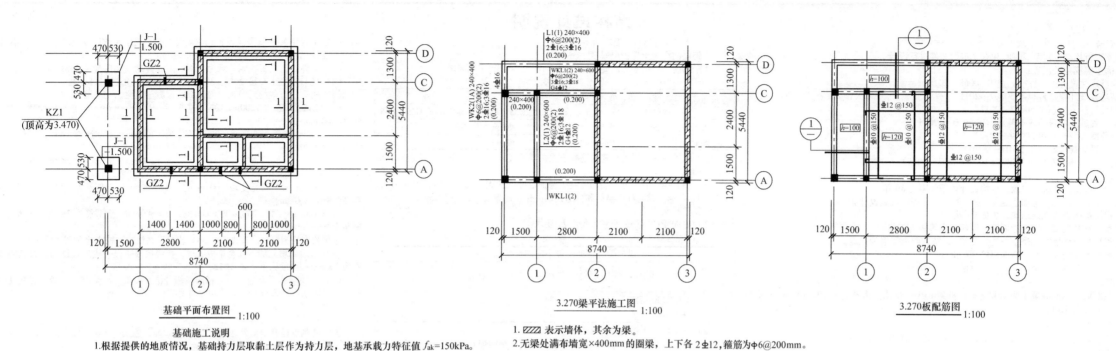

基础平面布置图 1:100

基础施工说明

1.根据提供的地质情况,基础持力层取黏土层作为持力层,地基承载力特征值 f_{ak}=150kPa。
  基础形式采用墙下条形基础和柱下独立基础。
2.独立基础采用C25混凝土,地梁采用强度等级C25混凝土,垫层混凝土采用C15。
3.基础底标高暂定-1.500m,且进入持力层不小于200mm;超深部分小于0.5m的直接挖至持
  力层,0.5m及以上的在现场另行处理。
4.基础设计等级为丙级。

3.270梁平法施工图 1:100

1. ▨▨ 表示墙体,其余为梁。
2.无梁处满布墙宽×400mm的圈梁,上下各2⊈12,箍筋为φ6@200mm。

3.270板配筋图 1:100

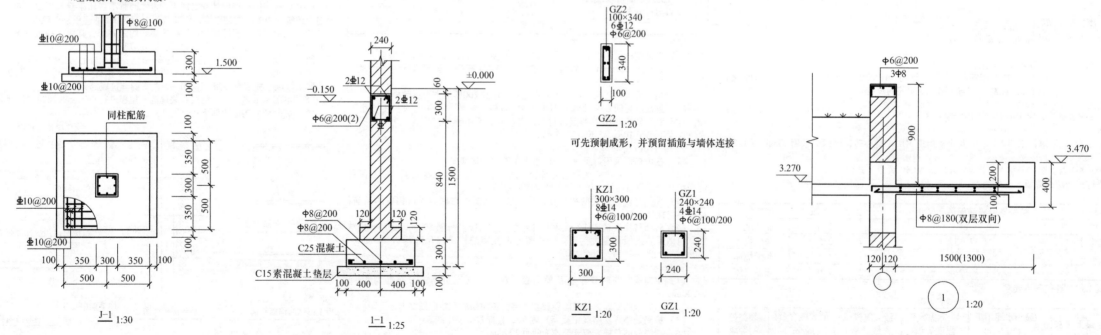

可先预制成形,并预留插筋与墙体连接

×××市建筑设计研究院	审定人		校对人		工程名称	传达室	图纸名称	基础平面布置图 3.270梁平法施工图 3.270板配筋图 节点详图	工程编号		阶段	施工图
	审核人		设计负责人								日期	
	项目负责人		设计人		项目名称	×××小区			图号	结施02	比例	

4

1.3 单层传达室识图习题

1.3.1 建筑施工图识图习题

1. 本工程建筑高度为（ ）m。
A. 3.500　　　　B. 4.200　　　　C. 3.650　　　　D. 4.350

2. 窗台顶大样图出图比例为（ ）。
A. 1:100　　　　B. 1:50　　　　C. 1:20　　　　D. 1:10

3. 本工程一层内隔墙中，未注明的隔墙厚度均为（ ）mm。
A. 100　　　　B. 240　　　　C. 120　　　　D. 360

4. 本工程有几种类型的窗户（ ）。
A. 2　　　　B. 3　　　　C. 4　　　　D. 5

5. 本工程室外柱子的尺寸为（ ）。
A. 300mm×300mm　B. 300mm×240mm　C. 240mm×240mm　D. 200mm×200mm

6. 本工程屋顶楼板的建筑标高为（ ）。
A. 3.270　　　　B. 3.300　　　　C. 3.450　　　　D. 4.200

7. 本工程绿化屋面的排水坡度为（ ）。
A. 2%　　　　B. 2.5%　　　　C. 1%　　　　D. 1.5%

8. 本工程踢脚板的高度为（ ）。
A. 100mm　　　　B. 150mm　　　　C. 200mm　　　　D. 250mm

9. 本工程屋面防水等级为（ ）级。
A. Ⅰ　　　　B. Ⅱ　　　　C. Ⅲ　　　　D. Ⅳ

10. 本工程屋面楼板厚度为（ ）。
A. 8cm　　　　B. 100mm　　　　C. 120mm　　　　D. 150mm

1.3.2 结构施工图识图习题

1. 本工程建筑抗震设防类别为（ ）类。
A. 甲　　　　B. 乙　　　　C. 丙　　　　D. 非抗震设计

2. 本工程的基本雪压为（ ）kN/m²。
A. 0.35　　　　B. 0.55　　　　C. 2.5　　　　D. 2.0

3. 本工程±0.000以上墙体选用材料为（ ）。
A. M5混合砂浆、MU10页岩多孔砖
B. M5混合砂浆、MU10页岩实心砖
C. M10混合砂浆、MU7.5页岩多孔砖
D. M10混合砂浆、MU7.5页岩实心砖

4. 本工程GZ1、GZ2的尺寸分别为（ ）。
A. 240mm×240mm，240mm×240mm　　B. 240mm×240mm，100mm×340mm
C. 100mm×340mm，100mm×340mm　　D. 240mm×240mm，340mm×340mm

5. 关于过梁，下列说法错误的是（ ）。
A. 1200<洞口宽度≤1800的，$H=200$，上部筋2⊕12，下部筋2⊕12，箍筋Φ6@200
B. 1800<洞口宽度≤2400的，$H=300$，上部筋2⊕14，下部筋2⊕14，箍筋Φ6@200
C. 2400<洞口宽度≤3000的，$H=300$，上部筋2⊕16，下部筋2⊕16，箍筋Φ6@200
D. 3000<洞口宽度≤3900的，$H=300$，上部筋3⊕16，下部筋3⊕16，箍筋Φ6@200

6. 本工程楼板处的结构标高为（ ）。
A. 3.270　　　　B. 3.300　　　　C. 3.450　　　　D. 4.200

7. 本工程地梁的混凝土强度等级为（ ）。
A. C30　　　　B. C25　　　　C. C20　　　　D. 图中未明确

8. 本工程的结构类型为（ ）。
A. 砖混结构　　　B. 剪力墙结构　　　C. 框架结构　　　D. 框架剪力墙结构

9. 本工程基础类型为（ ）。
A. 墙下条形基础
B. 柱下独立基础
C. 墙下条形基础、柱下独立基础
D. 图中未明确

10. 本工程砌体施工质量控制等级为（ ）。
A. A级　　　　B. B级　　　　C. C级　　　　D. D级

项目二 多层住宅楼识图

2.1 多层住宅楼建筑施工图

建筑设计说明（一）

一、工程设计的主要依据

1. 主管部门审批文件
 (1) 建设单位提供的用地勘测红线图及规划设计条件。
 (2) 规划局批复的总平面图及建设单位的相关要求。
 (3) 建设用地规划许可证。
 (4) 立项批文（备案号：20××-××××-70-03-××××-××××）。

2. 本工程适用的规范及标准
 (1)《民用建筑设计统一标准》（GB 50352—2019）。
 (2)《建筑设计防火规范》（GB 50016—2014）。
 (3)《无障碍设计规范》（GB 50763—2012）。
 (4)《住宅设计规范》（GB 50096—2011）。
 (5)《住宅建筑规范》（GB 50368—2005）。
 (6)《屋面工程技术规范》（GB 50345—2012）。
 (7)《坡屋面工程技术规范》（GB 50693—2011）。
 (8)《建筑外墙防水工程技术规程》（JGJ/T 235—2011）。
 (9)《建筑地面设计规范》（GB 50037—2013）。
 (10)《工程建设标准强制性条文：房屋建筑部分》（2013年版）。
 (11)《建筑玻璃应用技术规程》（JGJ 113—2015）。
 (12)《铝合金门窗工程技术规范》（JGJ 214—2010）。
 (13)《绿色建筑评价标准》（GB/T 50378—2019）。
 (14)《建筑内部装修设计防火规范》（GB 50222—2017）。
 (15)《民用建筑工程室内环境污染控制规范》（GB 50325—2020）。
 (16)《住宅设计标准》（DB 33/1006—2017）。
 (17)《居住建筑节能设计标准》（DB 33/1015—2015）。
 (18)《绿色建筑设计标准》（DB 33/1092—2016）。
 (19) 其他现行国家和地方标准。

3. 建设工程设计合同
 （略）

二、项目概况

序号	名称	内容	序号	名称	内容
1	工程名称	×××1#楼	7	耐火等级	二级
2	建设单位	××市××有限公司	8	建筑类型	框架结构
3	建设地点	浙江省××市×大道以南、××花园以东	9	设计使用年限	50年
			10	屋面防水等级	二级
4	工程特点	多层单元式住宅	11	结构安全等级	二级
5	功能布局	一～六层均为住宅，共计24套	12	抗震设防烈度	设防烈度为6度，抗震等级为四级
			13	建筑层数	地上6层+跃层
6	占地面积	—	14	消防高度	20.95m（首层地面至1/2坡屋面）
	总建筑面积	—	15	规划高度	19.40m

三、标高、单位及符号

 (1) 标高：室内地坪±0.000标高相当于绝对标高52.30m，如有不符，另行调整。除注明外，各层标高为建筑完成面标高，屋面标高为结构面标高。本工程方位、坐标详见总平面图。
 (2) 计量单位：本设计除注明了的标高、总平面图尺寸以米为单位外，其余均以毫米为单位。
 (3) 符号：Φ为HPB300，Φ为HRB335，Φ为HRB400。

四、注意事项

 (1) 本工程未考虑冬（雨）期施工，如遇冬（雨）季必须严格执行冬（雨）期施工的有关规定及规范。

 (2) 本工程选用的建筑材料和装修材料必须符合《民用建筑工程室内环境污染控制标准》（GB 50325—2020）的规定。
 (3) 本工程的隔声和噪声限制应符合《民用建筑隔声设计规范》（GB 50118—2010）的规定。
 (4) 本工程的节能应符合《居住建筑节能设计标准》（DB 33/1015—2015）的规定。
 (5) 本工程设计文件中选用的建筑材料及建筑制品，应有质量检验证明，并优先选用《建设部节能省地型建筑推广应用技术目录》中推荐的材料和产品，且应符合有关标准的要求。装修材料的材质、质感、色彩等应与设计人员协商确定。

五、墙体
 (1) 本设计主要采用以下几种墙体：
 1) ±0.000以下墙身：采用MU20页岩实心砖，用M10水泥砂浆砌筑。
 2) ±0.000以上墙身：外墙采用200mm厚页岩多孔砖砌体（矩形孔），用MU10水泥砂浆砌筑。
 3) 图中未注明的墙体为200mm厚或100mm厚。
 4) 图中未注明的墙厚及材料做法以文字说明为准，设计中采用的图例如下：

▬▬	钢筋混凝土墙、柱、梁、板等（图纸比例≤1:100）
▨▨	钢筋混凝土墙、柱、梁、板等（图纸比例>1:100）
墙体预留孔 ▱	砌筑墙（图纸比例≤1:100）
构造柱 ▨	砌筑墙（图纸比例>1:100）
=====	轻质隔墙，隔断

 (2) 不同墙体材料的搭接：多孔砖（砌体）与柱及构造柱连接处均应按结构构造配置拉筋，详见结构图。砌筑时应相互搭接，不能留通缝，框架结构外墙、填充墙，以及不同墙体材料的连接处，粉刷时在找平层中应加设不小于300mm宽（中间加设150mm）的钢丝网。
 (3) 墙体与轴线的关系：除注明外，墙体均与轴线中分，以柱边定位的墙体与柱边持平。石材墙及活动隔断的厚度与构造尺寸由专业厂家详细设计确定，本设计为示意。
 (4) 墙体上嵌有箱体时应在其背部用不燃材料封堵，并符合《建筑设计防火规范》（GB 50016—2014）表5.1.2的规定。应满足墙体相应的耐火极限要求，防火墙、承重墙、非承重外墙、楼梯间内墙（电梯井的墙）、疏散走道两侧的隔墙和房间隔墙的耐火极限应分别满足3.00h、3.00h、1.00h、2.00h、1.00h和0.50h的要求。箱体位置详见设备施工图，箱体嵌入墙体深度均为120mm。
 (5) 墙体留洞：凡墙体上小于等于300mm×300mm的洞口均未做示意，应配合设备专业施工。大型设备安装时须待设备安装后再行墙体砌筑。在防火墙上的所有洞口除设备自带防火外，还需按照防火规范的要求进行处理。洞口周围与管道缝隙用防火胶泥进行处理，洞口周边填实后粉刷。当管线沿墙通长敷设时，应用细石混凝土或M5水泥砂浆封填实。
 (6) 当部分女儿墙为钢筋混凝土女儿墙时，设宽20mm、间距12m的伸缩缝，详见结构专业图纸，两端均用建筑密封膏封填。
 (7) 内墙（柱）装修做法详见"建筑构造统一做法表"。
 (8) 墙体防潮层设于室内地坪下60mm处，做法为20mm厚1:2水泥砂浆掺5%防水剂，遇钢筋混凝土梁可不设（侧墙如增设防潮层，做法同上）。
 (9) 疏散走道两侧和房间内的轻质隔断应分别采用非燃烧材料，其耐火极限应大于1.00h和0.50h。

六、楼地面
 (1) 本工程应在地沟、地坑、地下管线及设备基础等施工完毕后再行施工。
 (2) 楼地面装修做法详见"建筑构造统一做法表"或详图，并应满足《建筑地面设计规范》GB 50037—2013第3.2.1条及第3.2.2条的规定。
 (3) 地面混凝土垫层施工时，应待结构沉降均匀后进行。地面垫层以下的回填土不得使用过湿土、淤泥、腐殖土、膨胀土及有机物含量大于8%的土。填料的施工要求应符合国家有关施工规范的要求。回填土必须分层夯实，压实系数不小于0.94。

 (4) 建筑地面的沉降缝、伸缩缝及抗震缝应按《建筑地面设计规范》（GB 50037—2013）第6.0.3条的要求设置。除假缝或面层分格缝外，所有变形缝应贯通各构造层，混凝土垫层应结合变形缝位置分区段进行浇筑。
 (5) 本工程无变形缝。
 (6) 除图纸特别注明外，凡厨房、卫生间等经常溅水的地段，楼地面完成面均与同层楼地面低不宜小于50mm。所有有地漏（或排水沟）及有排水要求的房间（卫生间见卫生间详图）楼地面，由墙边及门口向排水点找0.5%的坡，所有地漏的位置、数量及安装做法见给（排）水专业图纸。凡上述房间的围护墙采用砖墙、砌块或装配式墙板时，均应在墙体位置（门洞除外）用与本层楼板相同强度等级的混凝土设置厚度同墙厚、高度为250mm的墙槛，并在其楼板面层下增设1.5mm厚水泥聚合物防水涂料，并沿墙体上翻不小于300mm，以防渗水。
 (7) 凡涉水房间，在做找平层前，对埋设的各种管道周围进行密封处理，然后再做48h的灌水试验，在确定无渗水、漏水后，方可进入下道工序。
 (8) 每层电缆井、管道井在管道安装后，用与楼板相同强度等级、相同厚度的钢筋混凝土整浇，作为防火分隔，并且耐火极限不小于本建筑楼板的耐火极限。井壁上设检修门时应为丙级防火门。
 (9) 各种管线穿越楼板处均须预埋钢套管，有水地段的套管高出面层不小于50mm，其他部位的套管高出面层30mm。穿越楼板的套管与管道之间的缝应用阻燃密实材料填实，端面应光滑。

七、顶棚
 (1) 顶棚装修做法详见"建筑构造统一做法表"。
 (2) 吊顶：
 1) 本设计吊顶标高为各专业管道、设备所需的控制标高。各种吊顶安装须在设备及管道安装后由业主另行委托设计。
 2) 现浇钢筋混凝土楼板的屋面板下有设备吊挂时，应在结构层通过计算单独设置吊杆及预埋件。
 3) 变形缝处应设置阻火带，采用具有拉伸性能的不燃封堵材料堵密实，耐火极限不低于1.0h。

八、屋面
 (1) 屋面排水坡度详见建筑施工图纸，较大面积的钢筋混凝土面层的找平层应设分格缝。找平层与突出屋面的结构交接处和基层的转角处，均应做成圆弧形，圆弧半径为50mm。雨水口周围找平层应制成低的凹坑。
 (2) 雨水管及雨水口见屋面平面图。高跨屋面雨水管排水至低跨屋面时，出水口下应加设钢筋混凝土水簸箕。
 (3) 檐沟（天沟）、屋面泛水及阴（阳）角部位应设置防水附加层（2mm厚水泥聚合物防水涂料，内嵌聚酯无纺布增强材料，附加层上翻或长度不小于300mm）。
 (4) 屋面与砖砌墙体交接处，用C20素混凝土翻边300mm，由防水层上翻不小于300mm；屋面所有卷材收口部位均用密封膏嵌实。
 (5) 敞开露台处理：当室内外高差小于0.25m时，应用与楼板相同强度等级的混凝土上翻（包括门槛）不小于250mm。

九、外装修
 (1) 本工程外墙装饰设计详见立面图，材料做法详见"建筑构造统一做法表"。
 (2) 一般墙面的外装修，装修材料的规格、性能及色彩等，均须征得设计单位同意、认可。施工前，应先制作样板，经设计人员认可后，方能大面积施工。
 (3) 其他外装修工程包括轻钢雨篷、装饰构件等，应由有相应资质的专业公司配合设计单位进行设计，然后再制作、安装。
 (4) 所有外墙抹灰须在墙体留洞、管道安装、门窗框安装、预埋件施工后再施工。

×××市建筑设计研究院	审定人		校对人		工程名称	多层住宅楼	图纸名称	建筑设计说明（一）	工程编号		阶段	施工图
	审核人		设计负责人						日期		日期	
	项目负责人		设计人		项目名称	×××小区	图号	建施01			比例	

6

建筑设计说明（二）

十、内装修

（1）内装修做法见装修图及"建筑构造统一做法表"，未注明部分待装修材料选定后进行二次装修时确定。

（2）钢平台、钢梯、栏杆等露明铁件，均以防锈漆打底，再面层漆。

（3）管道井及其他非表面装修工程的内装修为20mm厚1:2水泥砂浆抹灰、压平、抹光，地面、顶棚同此。

（4）所有承重露明铁件均采用超薄型防火涂料进行涂刷。采用防火涂料后，室内建筑构件的耐火极限应符合《建筑设计防火规范》（GB 50016—2014）的规定。

（5）厨房、卫生间井道四周均做60mm×200mm泛水，待管道安装完毕后再砌墙体。

（6）装饰工程所用材料的规格、色彩应符合设计要求，并经业主与设计单位确认样品后使用。

十一、门窗

（1）本设计采用多种类型门窗：木门、断桥铝合金门（窗）等。门窗的型号、数量、洞口尺寸等详见门窗表。

（2）用料：隔热金属型材门框传热系数≤5.0W/(m²·K)，窗框面积为门窗总面积的20%。

（3）本设计中有关门窗工程的强度设计、构造设计、防火设计、抗风压性能、水密性能、气密性能以及保温、隔声、采光等性能要求，厂家应根据相关国家规范及规定配置，并与设计单位商量后确定。

（4）门窗立面均表示洞口尺寸，图中未标注的门定位为离墙120mm、居中或贴柱边，门窗加工尺寸应按照现场实测洞口尺寸、装修厚度等由承包商予以调整。门窗立面分格见门窗大样。订货时，承包商需提供技术图纸（包括五金配套），经设计单位同意后方可采用。

（5）门窗立樘：外门窗立樘详见墙身节点图，内门窗立樘除图中另有注明外，双向平开门立樘居墙中，单向平开门立樘的开启方向与墙面持平，其中木材与墙体接触部分以及预埋木砖处均涂焦油进行防腐。

（6）防火墙和公共走廊上疏散用的平开防火门应设闭门器，双扇平开防火门应安装闭门器和顺序器，常开防火门须安装信号控制关闭装置和反馈装置。

（7）门窗玻璃的选用应遵循《建筑玻璃应用技术规程》（JGJ 113—2015）和地方主管部门的有关规定；面积大于1.5m²的窗玻璃或玻璃底边离最终装修面小于500mm的落地窗，室内隔断、浴室围护和屏风，楼梯、阳台、平台走廊的栏板和中庭内栏板，公共建筑物的出入口、门厅等部位，以及易遭受撞击、冲击而造成人体伤害的部位，必须使用安全玻璃，专业厂家应按照规范及相关规定的要求确定安全玻璃的种类及厚度，并设安全警示标志。

（8）门窗的分格形式在本设计中仅作参考，最终由建筑师和加工厂家确定。

（9）铝合金推拉门、推拉窗的扇均应防止从室外拆卸的装置。外墙的门窗均应采用防止窗扇向室外脱落的装置，具体由门窗厂家确定。

（10）铝合金窗主型材的壁厚应经计算或试验确定，除压条、扣板等需要弹性装配的型材外，门用主型材主要受力部位的基材截面最小实测壁厚不应小于2.0mm，窗用主型材主要受力部位的基材截面最小实测壁厚不应小于1.4mm。

（11）外墙门窗与外墙洞口之间采用泡沫填缝剂填充，一般采用聚氨酯泡沫填缝胶填充。固化后的胶缝表面应做密封处理。

十二、室外工程

（1）室外台阶坡道定位见平面图，面层做法见平面图。

（2）散水宽600mm，做法见"建筑构造统一做法表"，每隔20m设伸缩缝（缝宽20mm），并用30mm厚1:2沥青砂浆嵌缝。

（3）避雷装置施工应配合结构及电气专业进行。

（4）雨篷详见相关图纸。玻璃雨篷（夹胶片厚度0.76mm）均应使用符合设计标准的防撞击的安全玻璃。

十三、建筑设备及设施

（1）为便于安装和调整，所有污水池、洗涤槽等建议选用不锈钢或陶瓷成品，具体由业主自定。

（2）灯具、风口、百叶窗等器具须经建设单位与设计人员协商，由业主确定后方可批量订货、加工和安装。

（3）卫生洁具等成品应采用节水型产品，由业主确定。

（4）窗帘及窗帘盒由业主自定。

（5）高窗应设开窗机，由门窗厂家按设备要求提供。

（6）待电梯品牌及厂家确定后，生产厂家应依据本套图纸的土建尺寸及时提供安装预埋件和留洞图纸，并在施工中密切配合。

十四、安全防护措施

（1）楼梯栏杆、扶手、防滑条做法详见施工图纸中的楼梯详图。梯井尺寸大于200mm时儿童应防攀爬和坠落措施。《建筑安全玻璃管理规定》（发改运行［2003］2116号）的规定。

（2）低窗台外窗加设安全防护栏，护栏样式见详图，栏杆立杆净距不大于110mm。

（3）临空栏杆做法详见施工图纸。栏杆应能承受荷载规范规定的水平荷载：1.0kN/m。设栏杆处楼地面、平台及屋面均应起翻边100mm。

（4）阳台玻璃栏板、低窗台无护栏的固定窗扇玻璃、落地500mm范围的固定窗扇玻璃、大块的窗玻璃、大块的门玻璃等有安全要求的玻璃应采用安全玻璃，且应满足《建筑安全玻璃管理规定》（发改运行［2003］2116号）的规定。

（5）在疏散（通行）过道、平台内敷设的2m以下的管道、桥架及结构支撑物等，均应外包防撞击护物，并应有明显标志。

（6）凡玻璃隔断（或透明隔断）、玻璃门等部位均应设置安全警示标志。

十五、其他

（1）施工中必须紧密配合各专业施工图纸进行施工，确定预埋件、预留孔洞的位置、尺寸后，做好预留工作。

（2）由专业厂家负责设计、安装的系统部分（石材幕墙、轻钢玻璃雨篷等）的预埋件施工，由厂家配合结构专业施工并做好预留，保证安装质量。

（3）所有预理木砖、木制品均应满涂防腐剂，所有预埋件均应两面刷防锈漆。

（4）凡涉及花色、规格等的材料，均应在施工前制作或提供样品或样板，由建设单位和设计单位认可后方可订货施工。

（5）未尽事宜详见国家现行的有关施工验收规范。

（6）室内楼梯扶手高度自踏步前缘线起始不应小于0.90m。掌楼梯井一侧水平扶手的长度大于0.50m时，其净高度不应小于1.05m。楼梯栏杆和回廊采取不易攀爬的构造，当采用垂直杆件作栏杆时，其杆件净距不应大于0.11m；水平段应设不低于100mm的翻边。套内楼梯的梯段净宽，当一边临空时，不应小于0.75m；套内楼梯的踏步宽度不应小于0.22m，高度不应大于0.20m。扇形踏步的转角距扶手边0.25m处，宽度不应小于0.22m。每个梯段的踏步不应超过18级，也不应少于3级。

十六、建筑防火设计说明

1. 总平面

（1）场地内设有>4m的消防车道，路面荷载按通过30t消防车设计。

（2）消防车道及其下面的建筑结构、管道和暗沟等，应能承受重型消防车的压力。消防车道应采用硬质铺装面层。

（3）本工程四周与相邻建筑的防火间距应符合《建筑设计防火规范》（GB 50016—2014）的要求。

2. 防火分区

本工程每自然层为一个防火分区。防火分区面积、防火疏散标志等应满足《建筑设计防火规范》（GB 50016—2014）的要求。

3. 安全疏散

（1）每单元各有一部疏散楼梯，敞开式楼梯间，疏散宽度均满足防火设计要求。每个疏散楼梯的梯段净宽>1.00m，室内任一点至疏散楼梯的距离均满足规范要求。户门均为乙级防火门。

（2）底层楼梯入口的疏散门应设置火灾时不需使用钥匙等任何器具就能迅速开启的装置，并应在明显位置设置使用提示。

（3）防火门应具有自闭功能，双扇防火门应具有按顺序关闭的功能。防火门的内外两侧应能手动开启。

（4）住宅与地下车库共用的楼梯间，其地上与地下部分采用100mm厚加气混凝土砌块砌筑，设乙级防火门进行分隔。

4. 防火建筑构造

（1）防火墙墙体耐火极限≥3h；支撑防火墙的地梁表面采用30mm厚1:3水泥砂浆粉刷，防火墙顶部的梁表面采用30mm厚1:3水泥砂浆粉刷；防火墙的构造应能在防火墙任意一侧的屋架、梁、楼板等受到火灾的影响发生破坏时，不会导致防火墙倒塌。防火墙应直接设置在建筑的基础或框架、梁等承重结构上，框架、梁等承重结构的耐火极限不应低于防火墙的耐火极限。防火墙应从楼地面基层隔断扩展至梁、楼板或屋面板的底面基层。

（2）墙体采用200mm厚/100mm厚页岩多孔砖砌块，楼板采用钢筋混凝土现浇楼板。防火分区隔断必须紧贴于梁板底部，不留缝隙。

（3）防火门均按规定要求设置，并应按本施工图的耐火等级选用消防部门注册认可的产品，其耐火极限均须达到防火规范的要求。

（4）轻质隔断采用非燃烧材料，耐火极限大于0.50h。

（5）本工程无变形缝。

（6）建筑内的电缆井、管道井，每层在楼板处采用不低于楼板耐火极限的不燃烧体或防火封堵材料封堵。建筑内的电缆井、管道井与房间、走道等相通的孔洞，采用不低于墙体耐火极限的不燃烧体或防火封堵材料封堵。管道穿防火墙处用不燃烧材料填实。

（7）装修材料生产厂家应提供材料燃烧性能测试报告，经审核通过后方可使用。内部装修材料应符合《建筑内部装修设计防火规范》（GB 50222—2017）的要求。本建筑内严禁设立经营、使用和存放火灾危险性为甲、乙类物品的商店、作坊或储藏间。

（8）本工程选用的外墙保温材料为无机轻集料保温砂浆，燃烧性能为A级；屋面保温材料为挤塑聚苯板（阻燃型），燃烧性能为B1级；面层50mm厚细石混凝土（不燃烧体）作为保护层将保温层覆盖。屋顶与外墙交界处、屋顶开口部位四周的保温层采用宽度不小于500mm的A级保温材料（岩棉板）制作水平防火隔离带。

十七、无障碍设计

（1）住宅门厅主入口处设无障碍坡道，出入口宽度均满足设计要求，详见相关图纸。

（2）建筑出入口处的内外高差不大于15mm，并以斜坡过渡，方便轮椅通行。

（3）住宅入口平台、候梯厅、公共走道均按无障碍要求施工。本工程为居住建筑，共设6套无障碍住房，分别位于3#、5#、7#楼的一层，具体见相关图纸。

十八、主要选用的标准图集（图集自购）

《室外工程》（浙J18—95）　　　　　　《平屋面建筑构造》（12J201）
《平屋面建筑构造》（12J201）　　　　　《外墙内保温建筑构造》（11J122）
《铝合金门窗》（2010浙J7）　　　　　《外墙外保温建筑构造》（10J121）
《木门（一）》（浙J2—93）　　　　　　《楼梯 栏杆 栏板（一）》（15J403－1）
《平开防火门》（2011浙J23）　　　　　《建筑节能门窗（一）》（06J607－1）
《楼地面建筑构造》（12J304）　　　　　《无障碍设计》（12J926）

×××市建筑设计研究院	审定人		校对人		工程名称	多层住宅楼	图纸名称	建筑设计说明（二）	工程编号		阶段	施工图
	审核人		设计负责人								日期	
	项目负责人		设计人		项目名称	×××小区	图号	建施02			比例	

7

建筑构造统一做法表（一）

名称	编号	做 法	名称	编号	做 法	名称	编号	做 法
地面	一	细石混凝土楼地面1（适用于无地下室部分）（自上而下） （1）面层材料（用户自理） （2）25mm厚C20细石混凝土随捣随抹平 （3）素水泥砂浆一道（内掺建筑胶） （4）100mm厚C15混凝土垫层 （5）120mm厚卵石垫层，粗砂填缝压实 （6）素土分层（不大于250mm厚）夯实，压实系数不小于0.94	楼面	楼4	架空楼板（自上而下） （1）面层材料用户自理（采用防滑、耐磨、不易起尘的块材面层或水泥类整体面层） （2）30mm厚C20细石混凝土随捣随抹平（内配Φ4@150mm钢丝网片） （3）20mm厚无机轻集料保温砂浆（Ⅲ型） （4）界面砂浆 （5）现浇钢筋混凝土结构板 （6）25mm厚岩棉板（塑料锚栓@500mm双向锚固，梅花形布置） （7）5mm厚抗裂砂浆（耐碱网格布） （8）封底漆一道（干燥后再做面层涂料） （9）乳胶漆两道饰面	外墙	一	真石漆、涂料外墙面及外墙线脚（从外至内） （1）真石漆、高弹自洁外墙涂料饰面（颜色详见效果图） （2）1.2mm厚聚合物水泥基防水涂料 （3）5mm厚抗裂砂浆（复合耐碱网格布） （4）25mm厚无机轻集料保温砂浆（Ⅱ型） （5）5mm厚界面砂浆 （6）200mm厚页岩多孔砖墙 （7）内墙抹灰
楼面	楼1	花岗石楼面（适用于楼梯间及住宅门厅等公共部分）（自上而下） （1）20mm厚花岗石饰面 （2）30mm厚1:3干硬性水泥砂浆结合层，表面撒水泥粉 （3）素水泥砂浆一道（内掺建筑胶） （4）现浇钢筋混凝土结构板	楼面	楼5	防水楼面2（阳台）（自上而下） （1）8mm厚300mm×300mm防滑地砖，干水泥擦缝（用户自理） （2）20mm厚1:3干硬性水泥砂浆结合层，表面撒水泥粉（用户自理） （3）1.5mm厚聚合物水泥基防水涂料，沿墙上翻300mm （4）1:3水泥砂浆找坡、找平、压光，最低处15mm厚（坡向地漏，0.5%坡度） （5）现浇钢筋混凝土结构板	屋面	屋1 坡屋面	保温瓦屋面（自上而下） （1）混凝土瓦 （2）挂瓦条、顺水条，尺寸为30mm×30mm （3）40mm厚C10细石混凝土随捣随抹（Φ4@150mm双向） （4）1.2mm厚PPC聚氯乙烯防水卷材一道 （5）20mm厚1:3水泥砂浆找平 （6）45mm厚挤塑聚苯板（阻燃型） （7）现浇钢筋混凝土结构
楼面	楼2	防水楼面1（适用于卫生间、厨房等涉水房间）（自上而下） （1）8mm厚300mm×300mm防滑地砖，干水泥擦缝（用户自理） （2）20mm厚1:3干硬性水泥砂浆结合层，表面撒水泥粉 （3）1.5mm厚聚合物水泥基防水涂料，沿墙上翻300mm（四周外扩500mm） （4）1:3水泥砂浆找坡、找平、压光，最低处15mm厚（坡向地漏，0.5%坡度） （5）30mm厚C20细石混凝土随捣随抹平（内配Φ4@150mm钢丝网片） （6）25mm厚无机轻集料保温砂浆（Ⅲ型） （7）5mm厚界面砂浆 （8）现浇钢筋混凝土结构板				屋面	屋2 平屋面	保温平屋面（适用于上人、非上人屋面）（自上而下） （1）50mm厚C25细石混凝土随捣随抹（Φ4@150mm双向） （2）10mm厚石灰砂浆隔离层，石灰膏:砂=1:4 （3）1.2mm厚PPC聚氯乙烯防水卷材一道（周边上翻≥300mm） （4）1.5mm厚聚合物水泥（JS）防水涂料（周边上翻≥300mm） （5）30mm厚C20细石混凝土找平层（设6m×6m分格缝，缝宽10mm） （6）45mm厚挤塑聚苯板（阻燃型） （7）LC5.0轻集料混凝土找坡找平层，最薄处30mm（吸水率不大于20%） （8）现浇钢筋混凝土结构板
楼面	楼3	细石混凝土楼地面2（适用于住宅套内部分）（自上而下） （1）面层材料（用户自理） （2）30mm厚C20细石混凝土随捣随抹平（内配Φ4@150mm钢丝网片） （3）25mm厚无机轻集料保温砂浆（Ⅲ型） （4）5mm厚界面砂浆 （5）现浇钢筋混凝土结构板						

160 40
C20混凝土
配Φ4@150（双向）
100
40
40
300
200
400
04
水簸箕轴测图 1:12

160 100 100
40
钢筋混凝土水簸箕
160
40
混凝土翻边高300
强度等级同楼板
水簸箕剖面大样 1:10

×××市建筑 设计研究院	审定人		校对人		工程名称	多层住宅楼	图纸 名称	建筑构造统一 做法表（一）	工程编号		阶段	施工图
	审核人		设计负责人						图号	建施03	日期	
	项目负责人		设计人		项目名称	×××小区					比例	

8

名称	编号	做　法	名称	编号	做　法	名称	编号	做　法
内墙	内1	乳胶漆墙面（适用于楼梯间等公共部分）（由外而内） （1）乳胶漆两道饰面 （2）封底漆一道（干燥后再做面层涂料） （3）6mm厚1:0.3:4水泥石灰砂浆分层抹平 （4）12mm厚1:1:6混合砂浆打底	天沟	天沟1	天沟（保温）（自上而下） （1）50mm厚C25细石混凝土保护层随捣随抹（Ф4@100mm双向） （2）1.2mm厚PPC聚氯乙烯防水卷材一道（周边上翻≥300mm） （3）1.5mm厚聚合物水泥（JS）防水涂料（周边上翻≥300mm） （4）30mm厚C20细石混凝土找平压光 （5）40mm厚挤塑聚苯板（阻燃型） （6）C30细石混凝土找坡1%，最薄处30mm厚 （7）现浇钢筋混凝土 注：涂膜附加层应夹铺聚酯无纺布或化纤无纺布胎体增强材料，长边搭接宽度不应小于50mm，短边搭接宽度不应小于70mm	无障碍坡道	—	无障碍坡道（自上而下） （1）20mm厚毛面花岗石饰面 （2）30mm厚1:3干硬性水泥砂浆结合层，表面撒水泥粉 （3）素水泥砂浆一道（内掺建筑胶） （4）100mm厚C15混凝土垫层 （5）120mm厚卵石垫层，用粗砂填缝压实 （6）素土分层（不大于250mm厚）夯实，压实系数不小于0.94
内墙	内2	水泥砂浆墙面（适用于卫生间等涉水房间）（由外而内） （1）6mm厚1:2.5水泥砂浆面拉毛 （2）1.5mm厚聚合物水泥基防水涂料（Ⅱ型） （3）素水泥浆一道 （4）12mm厚1:3水泥砂浆打底	天沟	天沟2	天沟（不保温）（自上而下） （1）20mm厚1:3水泥砂浆找平 （2）1.2mm厚PPC聚氯乙烯防水卷材一道（周边上翻≥300mm） （3）1.5mm厚聚合物水泥（JS）防水涂料（周边上翻≥300mm） （4）C30细石混凝土找坡1%，最薄处30mm厚 （5）现浇钢筋混凝土板 注：涂膜附加层应夹铺聚酯无纺布或化纤无纺布胎体增强材料，长边搭接宽度不应小于50mm，短边搭接宽度不应小于70mm	台阶	—	台阶（自上而下） （1）20mm厚毛面花岗石饰面 （2）30mm厚1:3干硬性水泥砂浆结合层，表面撒水泥粉 （3）素水泥砂浆一道（内掺建筑胶） （4）100mm厚C15混凝土垫层 （5）120mm厚卵石垫层，用粗砂填缝压实 （6）素土分层（不大于250mm厚）夯实，压实系数不小于0.94
内墙	内3	毛坯抹灰墙面（适用于住宅套内非涉水房间）（由外而内） （1）6mm厚1:2.5水泥砂浆面拉毛 （2）12mm厚1:1:6混合砂浆打底				散水	—	（1）60mm厚C20混细石凝土面层，撒1:1水泥、砂子压实赶光 （2）150mm厚级配卵石灌M2.5混合砂浆 （3）素土夯实，向外坡3%～5%
顶棚及单独梁、柱面	顶棚1及单独梁、柱面	防水顶棚（适用于卫生间等涉水房间）（由外而内） （1）外刮瓷大白 （2）满刮耐水腻子 （3）1.5mm厚聚合物水泥基防水涂料防潮层（Ⅲ型） （4）刷素水泥砂浆一道（内掺建筑胶） （5）钢筋混凝土楼板				油漆	油1	木材面调和漆 1）木基层清理、除污、打磨 2）刮腻子，磨光 3）底漆一道 4）调和漆二道
顶棚及单独梁、柱面	顶棚2及单独梁、柱面	顶棚（适用于除涉水房间外的房间）（由外而内） （1）外刮瓷大白 （2）满刮耐水腻子 （3）刷素水泥砂浆一道（内掺建筑胶） （4）钢筋混凝土楼板				油漆	油2	金属面调和漆 1）除锈 2）防锈漆一道 3）刮腻子，磨光 4）调和漆二道
踢脚	—	水泥砂浆踢脚板高150mm，与墙持平 （1）6mm厚1:2水泥砂浆压光 （2）12mm厚1:3水泥砂浆打底扫毛				凸窗	—	凸窗（由外向内） （1）真石漆、高弹自洁外墙涂料饰面（颜色同外墙） （2）1.2mm厚聚合物水泥基防水涂料 （3）5mm厚抗裂砂浆（复合耐碱网格布） （4）35mm厚无机轻集料保温砂浆（Ⅱ型） （5）5mm厚界面砂浆 （6）现浇钢筋混凝土窗台板 凸窗底板的此两道做法为满刮耐水腻子，再刮瓷大白

×××市建筑设计研究院	审定人		校对人		工程名称	多层住宅楼	图纸名称	建筑构造统一做法表（二）	工程编号		阶段	施工图
	审核人		设计负责人						日期			
	项目负责人		设计人		项目名称	×××小区	图号	建施04	比例			

绿色节能建筑设计专篇（一）

一、工程概况

（1）工程概况详见建筑设计说明（一）。

（2）气候分区：夏热冬冷地区。

（3）设计星级：本建筑按一星级绿色建筑设计。

二、设计依据

（1）浙江省《民用建筑绿色设计标准》（DB33/1092—2013）。

（2）浙江省《居住建筑节能设计标准》（DB33/1015—2015）。

（3）《民用建筑热工设计规范》（GB 50176—2016）。

（4）《建筑节能工程施工质量验收标准》（GB 50411—2019）。

（5）《建筑外门窗气密、水密、抗风压性能检测方法》（GB/T 7106—2019）。

（6）浙江省建设厅关于进一步加强我省民用建筑节能设计技术管理的通知》（建设发〔2009〕2018 号）。

（7）《无机轻集料砂浆保温系统应用技术规程》（DB33/T 1054—2016）。

（8）国家和地方政府其他有关节能设计、节能产品、节能材料的规定。

（9）《关于印发＜民用建筑外保温系统及外墙装饰防火暂行规定＞的通知》（公通字〔2009〕46 号）。

（10）计算软件：PKPM PBECA2015 1.00 版。

三、绿色建筑设计

被动节能设计策略	屋面：挤塑聚苯板（阻燃型）
	屋面开口部位设置防火隔离带：岩棉板
	外墙：外用无机轻集料保温砂浆（Ⅱ型）
	分户楼板：无机轻集料保温砂浆（Ⅲ型）
	分户墙：页岩多孔砖（矩形孔）
	外窗（透明部分）：隔热金属型材框传热系数≤5.0W/(m²·K)，窗框面积占整窗面积的20%（6mm中透光 Low-E＋12mm空气＋6mm透明），传热系数为 2.40W/(m²·K)。玻璃的太阳能得热系数为0.44，气密性为6级，可见光透射比为0.62
建筑朝向和体形	建筑朝向受各方面条件的制约，本工程为南偏西30°
	对朝向不佳处采取的补偿措施：将西向的外门窗窗墙面积比控制在较低数值，为0.16
无障碍设计	设有完善的无障碍设计，设计内容详见建施04
空间合理利用	房间优先布置在日照良好、采光自然、通风自然且视野优良的位置
日照和天然采光	外窗设计考虑自然通风和天然采光
自然通风	外窗设计考虑自然通风和天然采光，且可开启面积为房间外墙面积的10%
围护结构	详见建筑围护结构节能设计表；外窗框与外墙之间的缝隙应采用高效保温材料填充，并用密封材料嵌缝
新能源	该项选用太阳能热水系统作为可再生能源

四、室内空气质量设计要求

（1）本工程所选用的建筑材料和装饰材料必须符合《民用建筑工程室内环境污染控制标准》（GB 50325—2020）的规定。根据控制室内环境污染的不同要求，本工程为Ⅰ类民用建筑工程

（2）所有选用的建筑材料和装饰材料必须符合以下规定：民用建筑工程所使用的砂、石、砖、砌块、水泥、混凝土、混凝土预制构件等无机非金属建筑主体材料的放射性限量，应符合下列表1的规定

（3）民用建筑工程所使用的无机非金属装饰材料，包括石材、建筑卫生陶瓷、石膏板、吊顶材料、无机瓷质砖黏结材料等，进行分类时，其放射性限量应符合下列表2的规定。表2中A类、B类的定义参见《建筑材料放射性核素限量》（GB 6566—2010）

表1	测定项目	限量
	内照射指数	≤1.0
	外照射指数	≤1.0

表2	测定项目	限量	
		A类	B类
	内照射指数	≤1.0	≤1.3
	外照射指数	≤1.3	≤1.9

（4）民用建筑工程室内用人造木板及饰面人造木板，必须测定游离甲醛含量或游离甲醛释放量

（5）民用建筑工程中所使用的能释放氨的阻燃剂、混凝土外加剂，氨的释放量不应大于0.10%，测定方法应符合《混凝土外加剂中释放氨的限量》（GB 18588—2001）的有关规定

（6）民用建筑工程室内不得使用国家禁止使用、限制使用的建筑材料

（7）Ⅰ类民用建筑工程室内装修采用的无机非金属装修材料必为A类；Ⅰ类民用建筑工程的室内装修，采用的人造木板及饰面人造木板必须达到《人造板及其制品甲醛释放量分级》（GB/T 39600—2021）中的E₁级要求

（8）民用建筑工程室内装修中所使用的木地板及其他木质材料，严禁采用沥青、煤焦油类防腐、防潮处理剂

（9）Ⅰ类民用建筑工程室内环境污染物浓度限量如下：

污染物名称	氡	甲醛	苯	氨	总挥发性有机化合物（TVOC）
污染物浓度限量	≤200Bq/m³	≤0.08mg/m³	≤0.09mg/m³	≤0.02mg/m³	≤0.5mg/m³

五、居住建筑围护结构节能设计

建筑类型	住宅	气候分区	夏热冬冷地区	建筑面积	2981.84m²	建筑层数	6层＋跃层
体形系数极限值	0.50	体形系数限值	0.40	体形系数设计值	0.32	朝向	南偏西30°

围护结构	限值					设计建筑		
	传热系数限值 $K/[W/(m^2 \cdot K)]$			热惰性指标D	传热系数 $K/[W/(m^2 \cdot K)]$	节能构造措施	燃烧性能等级	
	体形系数≤0.40							
	$D \leq 2.5$	$2.5 < D \leq 3$	$D > 3$					
屋顶	0.60	0.70	0.80	2.55	0.65	挤塑聚苯板	B1	
外墙	1.00	1.20	1.50	3.12	1.56	无机轻集料保温砂浆	A	
凸窗的不透明部分	1.00	1.20	1.50	1.67	1.84			
分户墙	2.00			2.97	1.75			
楼板	2.0			1.82	1.91	无机轻集料保温砂浆	A	
架空或外挑楼板	1.50			—	—			
户门	2.50（通往封闭空间）			—	2.47			
	2.00（通往非封闭空间或室外）			—	1.50			

外窗	窗墙面积比	限值		设计建筑		型材及玻璃选型
		传热系数 $K/[W/(m^2 \cdot K)]$	综合遮阳系数（夏季）	传热系数 $K/[W/(m^2 \cdot K)]$	综合遮阳系数（夏季）	
	南 0.40	—	—	—	—	见被动节能设计策略
	北 0.33	≤2.4	—	2.40	0.40	
	东 0.05	≤2.4	≤0.45	≤2.40	0.40	
	西 0.16	≤2.4	≤0.45	≤2.40	0.40	
凸窗	朝向	南、东、西		—		
	传热系数 $K/[W/(m^2 \cdot K)]$	比普通外窗限值小10%		南向为2.4，东向和西向无要求		
气密性指标	6层以下取4级			6级		
	6层以上取6级			6级		
外窗（包括阳台门）可开启面积占房间外墙面积的比值	≥10%（夏热冬冷地区）			满足规范要求		

围护结构热工性能的权衡判断

		年能耗/(kW·h)	单位能耗/(kW·h/m²)
参照建筑在规定条件下的全年供暖和空气调节能耗		67909	24.41
设计建筑在相同条件下的全年供暖和空气调节能耗		67669	25.32

可再生能源利用情况

太阳能热水系统及应用规模	空气源热泵热水系统及应用规模	其他可再生能源及应用规模
—	全数住宅	

×××市建筑设计研究院	审定人		校对人		工程名称	多层住宅楼	图纸名称	绿色节能建筑设计专篇（一）	工程编号		阶段	施工图
	审核人		设计负责人								日期	
	项目负责人		设计人		项目名称	×××小区			图号	建施05	比例	

10

六、分析

（1）与《居住建筑节能设计标准》（DB33/1015—2015）相比较，该建筑物的外墙热工值不满足《居住建筑节能设计标准》（DB33/1015—2015）第4.2.12条的标准要求；凸窗不透明的上顶板、下底板和侧板的传热系数不满足《居住建筑节能设计标准》（DB33/1015—2015）第4.2.7条的标准要求；南向外窗（含阳台门透明部分）的传热系数不满《居住建筑节能设计标准》（DB33/1015—2015）第4.2.4条的标准要求；北向外窗（含阳台门透明部分）的传热系数不满足《居住建筑节能设计标准》（DB33/1015—2015）第4.2.4条的标准要求；南向凸窗透明板的传热系数不满足《居住建筑节能设计标准》（DB33/1015—2015）第4.2.7条的标准要求，须进行围护结构节能动态计算。

（2）该设计建筑的全年能耗小于参照建筑的全年能耗，因此该项目已达到《居住建筑节能设计标准》（DB33/1015—2015）的节能要求。

（3）节能计算书详见建筑节能计算报告书（略）。

七、保温材料热工参数

材料	热导率/[W/(m·K)]	干密度/(kg/m³)	修正系数
无机轻集料保温砂浆（Ⅱ型）	0.085	450	1.25
无机轻集料保温砂浆（Ⅲ型）	0.120	650	1.25
挤塑聚苯板（阻燃型）	0.030	35	1.20

八、保温系统及组成材料性能指标

无机轻集料保温砂浆系统性能指标	《无机轻集料砂浆保温系统应用技术规程》（DB33/T 1054—2016）表4.0.1	—
无机轻集料保温砂浆性能指标	DB33/T 1054—2016 表4.0.3	外墙、保温楼板、架空楼板
抗裂砂浆	DB33/T 1054—2016 表4.0.4	外墙、保温楼板、架空楼板
耐碱玻璃纤维网格布	DB33/T 1054—2016 表4.0.5	外墙
柔性腻子	DB33/T 1054—2016 表4.0.7	外墙
保温饰面涂料	DB33/T 1054—2016 表4.0.8	外墙、保温楼板、架空楼板

保温工程施工和验收应符合《无机轻集料砂浆保温系统技术标准》（JGJ 253—2011）的规定，且应严格执行该标准中的强制性条文。

九、冷（热）桥部位辅助构造措施

	适用部位	阳角	阴角	窗上口	窗下口	窗侧口	踢脚
外保温	选用图集（10J121）	第B-10页	第B-10页	第B-4页	第B-4页	第B-4页	—
	节点编号	①	②	①	②	③	—
内保温	选用图集（11J122）	第C-6页	第C-6页	第C-5页	第C-5页	第C-5页	第C-7页
	节点编号	②	①	①	②	③	—

注：图集中的胶粉聚苯颗粒用无机轻集料保温砂浆替代。施工时应注意避免内保温墙面空鼓，自保温墙体与混凝土梁、柱交接面设置的抗裂防护层应满足《墙体自保温系统应用技术规程》（DB33/T 1102—2014）第4.5.1条的要求。外墙阳角、阴角部位及洞口周边转角部位应做加强处理，增设耐碱玻璃纤维网格布；角部的网格布应交错搭接、包转，搭接宽度每边不应小于200mm；建筑底层墙角及门窗洞口应采用带网格布的护角条，门窗洞口角部45°方向按规定加贴小块网格布，尺寸可取200mm×400mm。

十、其他要求

（1）室内热环境设计计算指标：一般房间为冬季16℃、夏季26℃。应充分考虑采光和通风，满足规范中的窗地比要求，建筑内设置空调系统。

（2）所用外门窗必须由具有相应设计、制作、安装资质的专业单位承接，以保证质量。

（3）用于本工程节能设计的各种材料、产品，其基本参数和热工性能必须经符合资质要求的检测单位检测合格后，才能用于施工。

（4）用于本工程节能设计的各种材料、产品的性能指标应符合保温材料热工参数、燃烧性能等级要求。

（5）用于本工程节能设计的各种材料、产品应符合《民用建筑工程室内环境污染控制标准》（GB 50325—2020）、《建筑材料放射性核素限量》（GB 6566—2010）的要求。

（6）进行建筑节能验收时，应通过现场检测（或送样品检测）核查节能部件、材料的有关性能指标是否符合原节能设计的要求。

（7）不得采用国家和地方明令禁止使用的技术、工艺、设备和产品；应优先采用国家和地方推广使用的新技术、新工艺、新设备、新材料、新产品。

（8）采用节能标准和技术规范中未涵盖的节能新技术、新工艺、新设备、新材料和新产品时，应向当地主管部门申请组织专家评估，经评估通过后方可采用。

（9）建筑节能的技术、材料、产品和工艺除应符合节能标准的要求外，还应符合有关规范的要求。

（10）所有后续修改的内容必须报政府主管部门及施工图审查机构审批，通过后方可施工。

（11）建筑节能工程施工应执行《外墙外保温工程技术标准》（JGJ 144—2019）和《建筑节能工程施工质量验收标准》（GB 50411—2019）。

（12）有防水要求的楼地面，其保温做法不得影响楼地面排水坡度，其防水层宜设置在楼地面保温层的上侧。

（13）业主和施工承包商不得擅自降低节能设计标准，施工时必须严格落实各专业的节能设计及节能措施，确保施工质量。

十一、其他专业的绿色节能建筑设计说明详见各专业说明。

十二、围护结构节能措施示意图

结构名称	简图	工程做法	传热系数K/[W/(m²·K)]	热惰性指标D
外墙	外‖内	1. 水泥砂浆保护层（5mm） 2. 无机轻集料保温砂浆（Ⅱ型）（25mm） 3. 页岩多孔砖（200mm） 4. 石灰水泥砂浆（混合砂浆）（18mm）	1.56	3.12
外墙热桥	外‖内	1. 水泥砂浆保护层（5mm） 2. 无机轻集料保温砂浆（Ⅱ型）（25mm） 3. 钢筋混凝土梁、柱（200mm） 4. 石灰水泥砂浆（混合砂浆）（18mm）	1.90	2.70
屋顶	坡屋面 上/下	1. 块瓦（30mm） 2. 碎石（卵石）混凝土（细石混凝土）（40mm） 3. 挤塑聚苯板（45mm） 4. 水泥砂浆（20mm） 5. 钢筋混凝土（100mm）	0.65	2.55
	平屋面 上/下	1. 细石混凝土（双向配筋）（50mm） 2. 石灰砂浆（10mm） 3. 防水层 4. 细石混凝土（20mm） 5. 挤塑聚苯板（45mm） 6. 轻集料混凝土浇捣（屋面找坡）（30mm） 7. 钢筋混凝土（100mm）	0.65	2.55
分户楼板	楼面 上/下 顶棚	1. 细石混凝土（30mm） 2. 无机轻集料保温砂浆（Ⅲ型）（25mm）	1.91	1.82
分户墙		1. 石灰水泥砂浆（混合砂浆）（18mm） 2. 页岩多孔砖（200mm） 3. 石灰水泥砂浆（混合砂浆）（18mm）	1.75	2.97

×××市建筑设计研究院	审定人		校对人		工程名称	多层住宅楼	图纸名称	绿色节能建筑设计专篇（二）	工程编号		阶段	施工图
	审核人		设计负责人								日期	
	项目负责人		设计人		项目名称	×××小区			图号	建施06	比例	

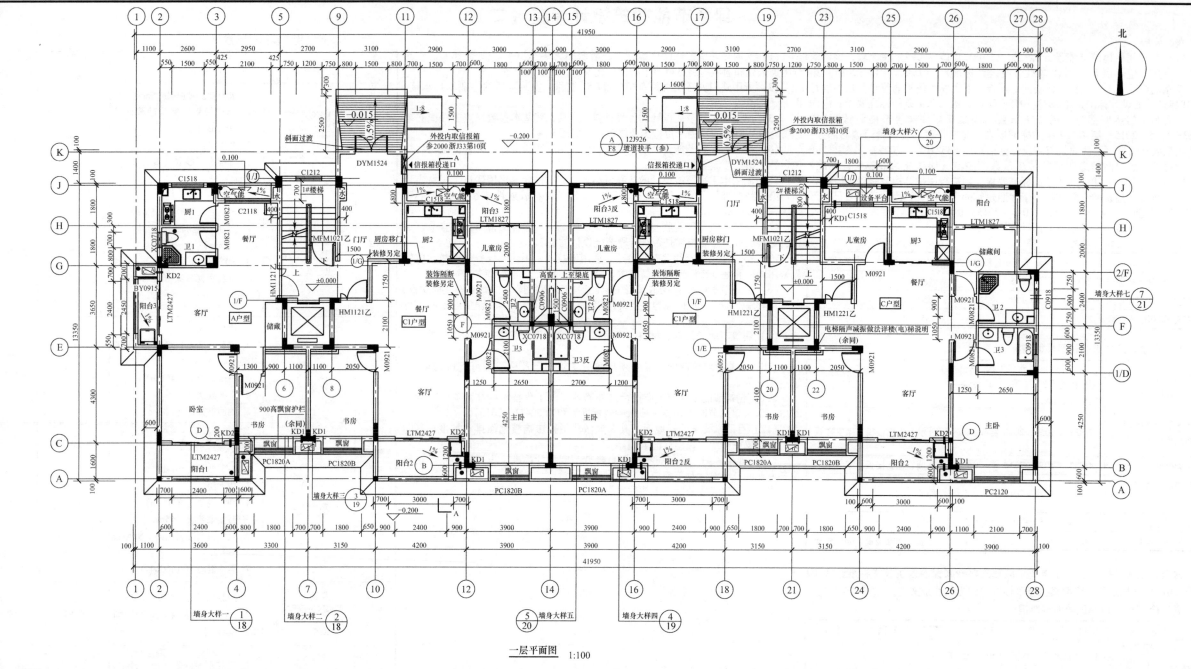

一层平面图 1:100

说明:

1. 除特殊注明外,阳台楼地面建筑标高低于相应楼层楼地面标高20mm,无障碍用房用斜坡过渡。卫生间除楼地面结构标高已注明外,标高应低于相应楼层标高30mm(结构标高比相应楼层结构标高低50mm)。所有卫生间地漏均详见卫生间详图,阳台向地漏找坡1%。

2. 所有烟道和排气道高度均为楼层高度,厨房排烟道选用《住宅变压三防排气道》(2007 浙 J58)中的 PC – 7 – D。楼板留洞370mm × 290mm。卫生间均设 d =110mm 的侧墙排气口,详见卫生间大样图。

3. 未注明尺寸处门垛均为100mm 或贴柱边。

4. 外墙预留洞未标注尺寸的洞边距墙边或柱边100mm,同一梁上预埋多个套管的,预埋套管洞中心间距为300mm(已注明尺寸的除外)。

5. 未注明处墙厚为200mm(轴线居中)或100mm(偏轴线一边)。

6. 柱尺寸详见结施图集;外墙门窗所标注尺寸均为结构洞口尺寸。

7. 图中 KD1 预埋 ϕ75mm UPVC 管,洞中心距轴线300mm(除注明外),洞底离地面高度为2200mm,向外倾斜5°;图中 KD2 预埋 ϕ75mm UPVC 管,洞中心距轴线300mm(除注明外),洞底离地面高度为220mm,向外倾斜5°。

8. 本工程户内楼梯及栏杆用户自理,所有栏杆均应符合有关规范规定。

×××市建筑设计研究院	审定人		校对人		工程名称	多层住宅楼	图纸名称	一层平面图	工程编号		阶段	施工图
	审核人		设计负责人								日期	
	项目负责人		设计人		项目名称	×××小区			图号	建施07	比例	

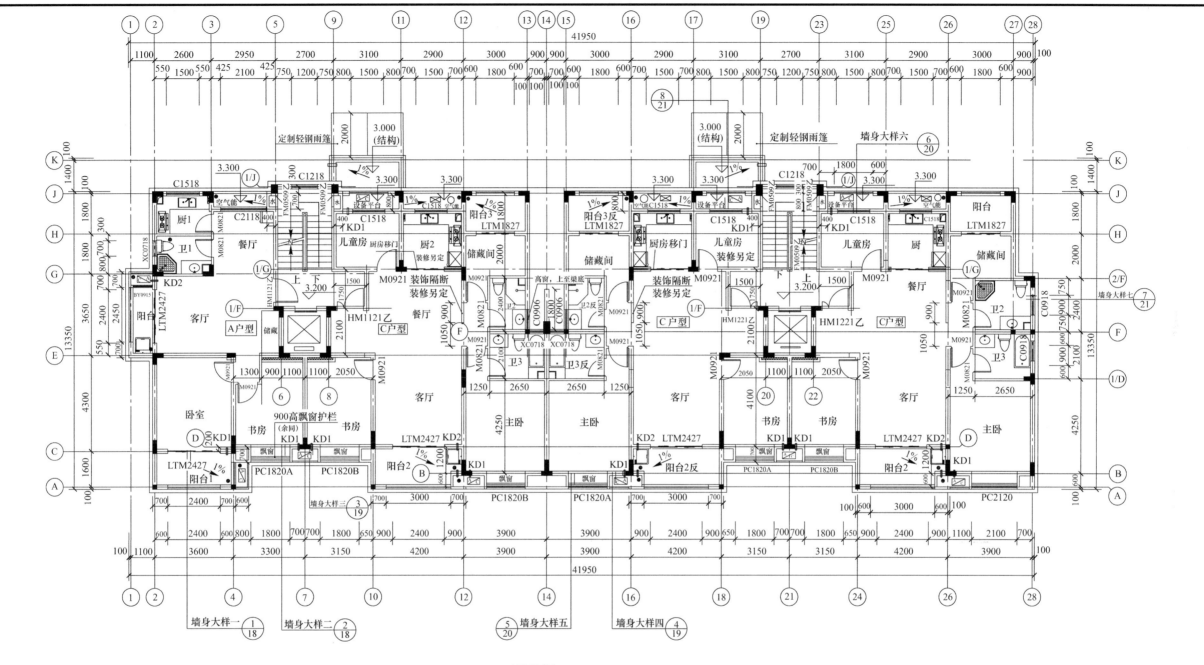

二层平面图 1:100

说明：

1. 除特殊注明外，阳台楼地面建筑标高低于相应楼层楼地面标高20mm，无障碍用房用斜坡过渡。卫生间除楼地面结构标高已注明外，标高应低于相应楼层标高30mm（结构标高比相应楼层结构标高低50mm）。所有卫生间地漏均详见卫生间详图，阳台向地漏找坡1%。

2. 所有烟道和排气道高度均为楼层高度，厨房排烟道选用《住宅变压三防排气道》（2007 浙 J58）中的 PC－7－D。楼板留洞370mm×290mm。卫生间均设 $d = 110$mm 的侧墙排气口，详见卫生间大样图。

3. 未注明尺寸处门垛均为100mm 或贴柱边。

4. 外墙预留洞未标注尺寸的洞边距墙边或柱边100mm，同一梁上预埋多个套管的，预埋套管洞中心间距为300mm（已注明尺寸的除外）。

5. 未注明处墙厚为200mm（轴线居中）或100mm（偏轴线一边）。

6. 柱尺寸详见结施图集；外墙门窗所标注尺寸均为结构洞口尺寸。

7. 图中 KD1 预埋 ϕ75mm UPVC 管，洞中心距轴线300mm（除注明外），洞底离地面高度为2200mm，向外倾斜5°；图中 KD2 预埋 ϕ75mm UPVC 管，洞中心距轴线300mm（除注明外），洞底离地面高度为220mm，向外倾斜5°。

8. 本工程户内楼梯及栏杆用户自理，所有栏杆均应符合有关规范规定。

×××市建筑设计研究院	审定人		校对人		工程名称	多层住宅楼	图纸名称	二层平面图	工程编号		阶段	施工图
	审核人		设计负责人								日期	
	项目负责人		设计人		项目名称	×××小区			图号	建施08	比例	

13

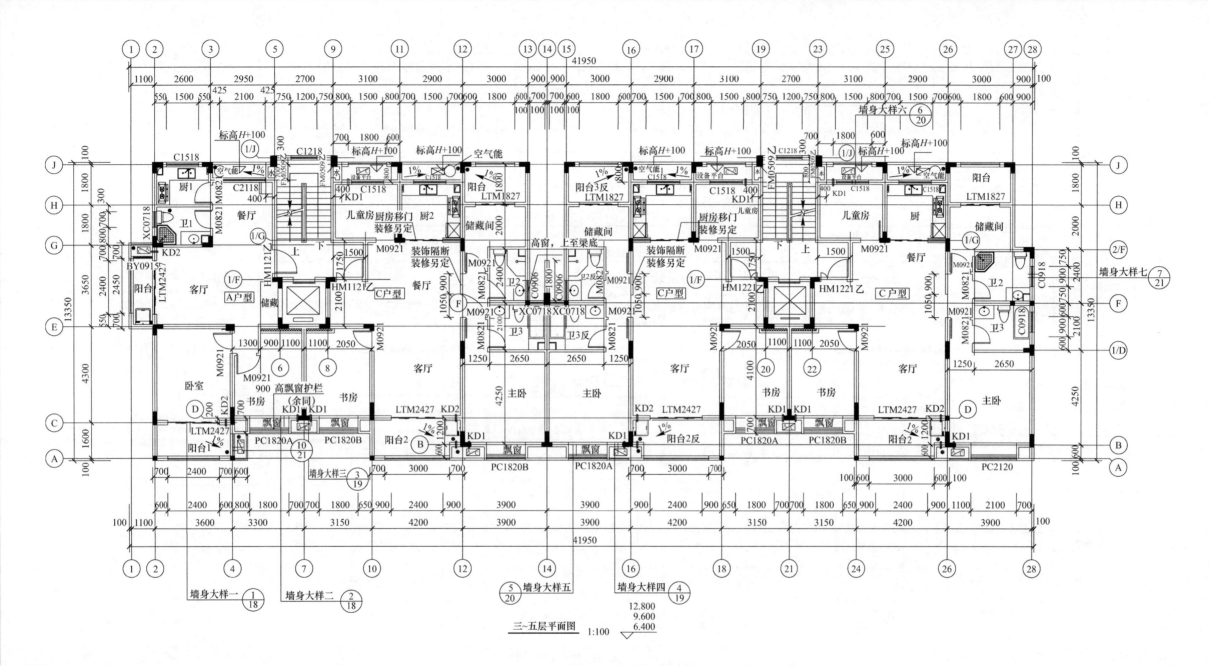

三~五层平面图 1:100

说明：

1. 除特殊注明外，阳台楼地面建筑标高低于相应楼层楼地面标高20mm，无障碍用房用斜坡过渡。卫生间除楼地面结构标高已注明外，标高应低于相应楼层标高30mm（结构标高比相应楼层结构标高低50mm）。所有卫生间地漏均详见卫生间详图，阳台向地漏找坡1%。

2. 所有烟道和排气道高度均为楼层高度，厨房排烟道选用《住宅变压三防排气道》（2007 浙 J58）中的 PC – 7 – D。楼板留洞370mm×290mm。卫生间均设 $d = 110mm$ 的侧墙排气口，详见卫生间大样图。

3. 未注明尺寸处门垛均为100mm 或贴柱边。

4. 外墙预留洞未标注尺寸的洞边距墙或柱边100mm，同一墙上预埋多个套管的，预埋套管洞中心间距为300mm（已注明尺寸的除外）。

5. 未注明处墙厚为200mm（轴线居中）或100mm（偏轴线一边）。

6. 柱尺寸详见结施图集；外墙门窗所标注尺寸均为结构洞口尺寸。

7. 图中 KD1 预埋 $\phi75mm$ UPVC 管，洞中心距轴线300mm（除注明外），洞底离地面高度为2200mm，向外倾斜5°；图中 KD2 预埋 $\phi75mm$ UPVC 管，洞中心距轴线300mm（除注明外），洞底离地面高度为220mm，向外倾斜5°。

8. 本工程户内楼梯及栏杆用户自理，所有栏杆均应符合有关规范规定。

×××市建筑设计研究院	审定人		校对人		工程名称	多层住宅楼	图纸名称	三~五层平面图	工程编号		阶段	施工图
	审核人		设计负责人								日期	
	项目负责人		设计人		项目名称	×××小区	图号	建施09	比例			

14

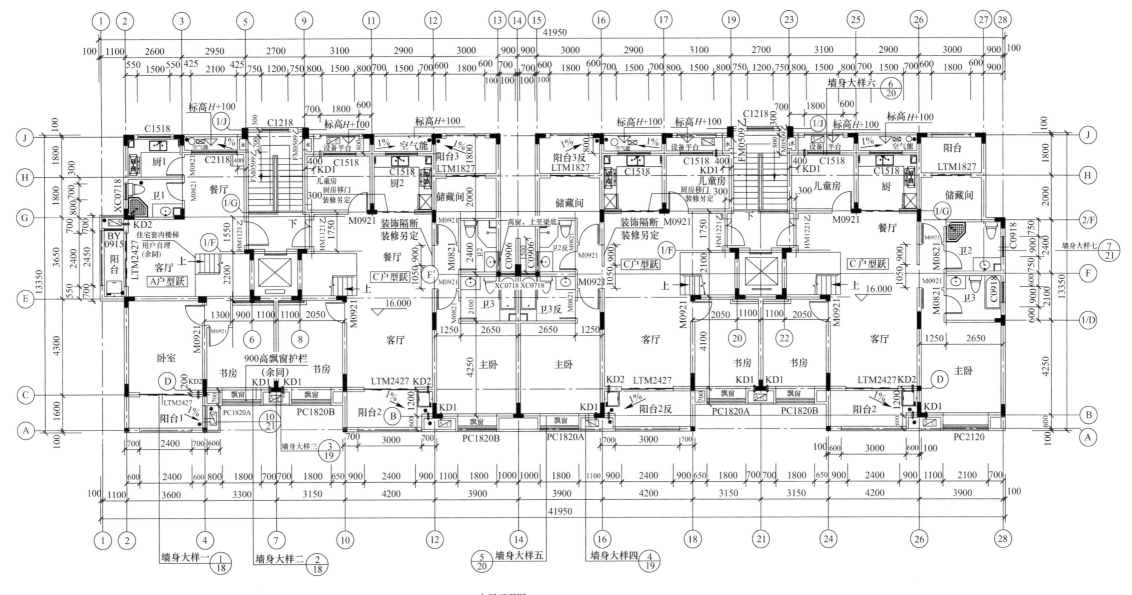

六层平面图 1:100

说明：

1. 除特殊注明外，阳台楼地面建筑标高低于相应楼层楼地面标高20mm，无障碍用房用斜坡过渡。卫生间除楼地面结构标高已注明外，标高应低于相应楼层标高30mm（结构标高比相应楼层结构标高低50mm）。所有卫生间地漏均详见卫生间详图，阳台向地漏找坡1%。

2. 所有烟道和排气道高度均为楼层高度，厨房排烟道选用《住宅变压三防排气道》（2007 浙 J58）中的 PC－7－D。楼板留洞 370mm×290mm。卫生间均设 d=110mm 的侧墙排气口，详见卫生间大样图。

3. 未注明尺寸处门垛均为100mm 或贴柱边。

4. 外墙预留洞未标注尺寸的洞边距墙边或柱边100mm，同一梁上预埋多个套管的，预埋套管中心间距为300mm（已注明尺寸的除外）。

5. 未注明处墙厚为200mm（轴线居中）或100mm（偏轴线一边）。

6. 柱尺寸详见结施图集；外墙门窗所标注尺寸均为结构洞口尺寸。

7. 图中 KD1 预埋 φ75mm UPVC 管，洞中心距轴线 300mm（除注明外），洞离地面高度为2200mm，向外倾斜5°；图中 KD2 预埋 φ75mm UPVC 管，洞中心距轴线 300mm（除注明外），洞底离地面高度为220mm，向外倾斜5°。

8. 本工程户内楼梯及栏杆用户自理，所有栏杆均应符合有关规范规定。

×××市建筑设计研究院	审定人		校对人		工程名称	多层住宅楼	图纸名称	六层平面图	工程编号		阶段	施工图
	审核人		设计负责人						日期			
	项目负责人		设计人		项目名称	×××小区			图号	建施10	比例	

15

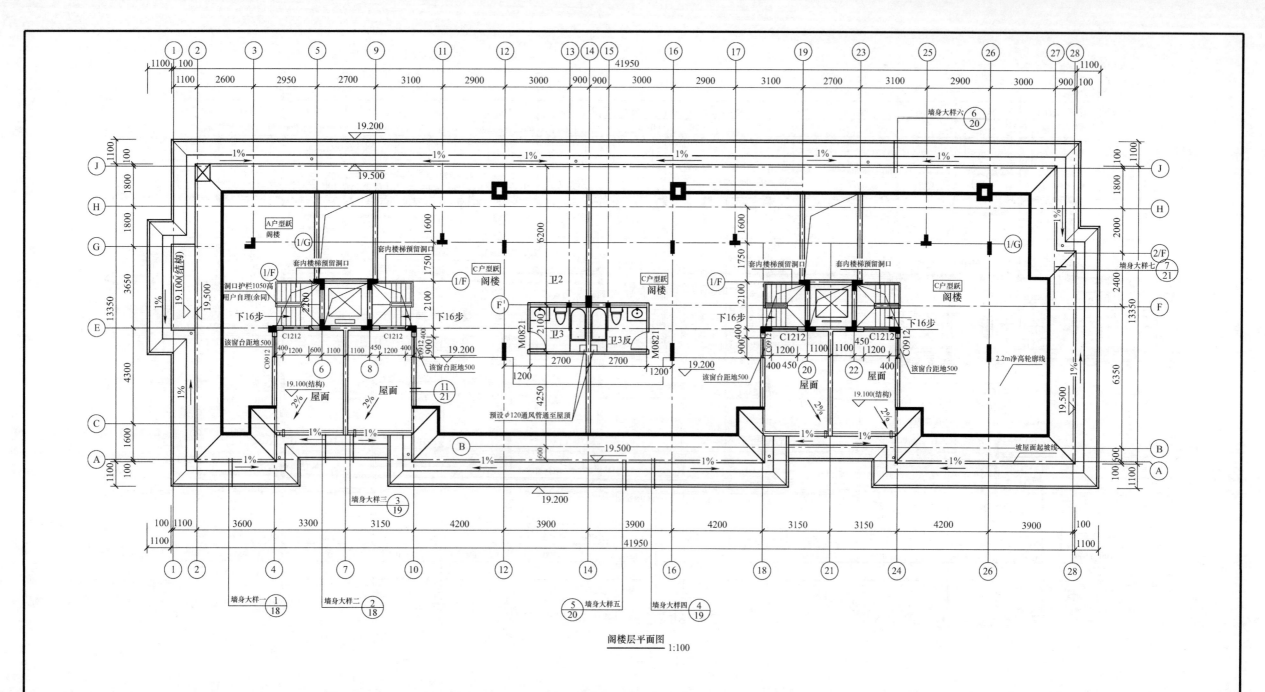

阁楼层平面图
1:100

说明:
1. 除特殊注明外,阳台楼地面建筑标高低于相应楼层楼地面标高20mm,无障碍用房用斜坡过渡。卫生间除楼地面结构标高已注明外,标高应低于相应楼层标高30mm(结构标高比相应楼层结构标高低50mm)。所有卫生间地漏均详见卫生间详图,阳台向地漏找坡1%。
2. 所有烟道和排气道高度均为楼层高度,厨房排烟道选用《住宅变压三防排气道》(2007 浙 J58)中的 PC - 7 - D。楼板留洞 370mm×290mm。卫生间均设 d = 110mm 的侧墙排气口,详见卫生间大样图。
3. 未注明尺寸处门垛均为 100mm 或贴柱边。
4. 外墙预留洞未标注尺寸的洞边距墙边或柱边 100mm,同一梁上预埋多个套管的,预埋套管中心间距为 300mm(已注明尺寸的除外)。
5. 未注明处墙厚为 200mm(轴线居中)或 100mm(偏轴线一边)。
6. 柱尺寸详见结施图集;外墙门窗所标注尺寸均为结构洞口尺寸。
7. 图中 KD1 预埋 ϕ75mm UPVC 管,洞中心距轴线 300mm(除注外),洞底离地面高度为 2200mm,向外倾斜 5°;图中 KD2 预埋 ϕ75mm UPVC 管,洞中心距轴线 300mm(除注外),洞底离地面高度为 220mm,向外倾斜 5°。
8. 本工程户内楼梯及栏杆用户自理,所有栏杆均应符合有关规范规定。

×××市建筑设计研究院	审定人		校对人		工程名称	多层住宅楼	图纸名称	阁楼层平面图	工程编号		阶段	施工图
	审核人		设计负责人								日期	
	项目负责人		设计人		项目名称	×××小区			图号	建施11	比例	

16

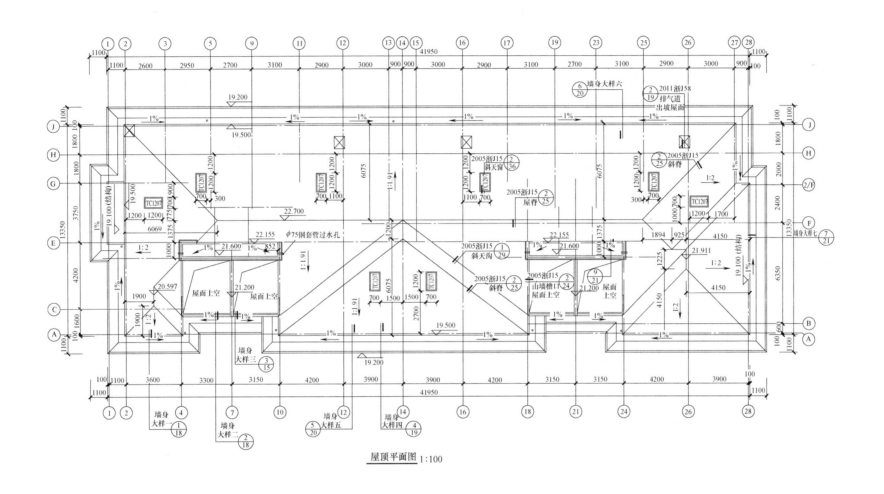

屋顶平面图 1:100

×××市建筑设计研究院	审定人		校对人		工程名称	多层住宅楼	图纸名称	屋顶平面图	工程编号		阶段	施工图
	审核人		设计负责人								日期	
	项目负责人		设计人		项目名称	×××小区			图号	建施12	比例	

17

墙身二 $\frac{2}{18}$

墙身一 $\frac{1}{18}$

墙身三 $\frac{3}{19}$

墙身四 $\frac{4}{19}$

墙身五 $\frac{5}{20}$

灰色混凝土瓦屋面

22.700

22.700

22.100

21.911

20.597

19.550

21.28°

19.500

30°

30°

21.28°

22.700

19.200

16.000

12.800

9.600

6.400

3.200

±0.000

−0.200

3500

500

3200

2000

500

3200

2000

700

3200

2000

700

3200

2000

700

3200

2000

700

3200

2000

700

20950

200

41950

① ～ ㉘轴立面图
1:100

外墙饰面图例:

棕褐色外墙真石漆

黄色外墙真石漆

① 28

×××市建筑设计研究院	审定人		校对人		工程名称	多层住宅楼	图纸名称	①～㉘轴立面图	工程编号		阶段	施工图
	审核人		设计负责人								日期	
	项目负责人		设计人		项目名称	×××小区			图号	建施13	比例	

18

灰色混凝土瓦屋面

墙身六 $\frac{6}{20}$

棕褐色外墙真石漆

外墙饰面图例：
棕褐色外墙真石漆
黄色外墙真石漆

$\frac{㉘～①轴立面图}{1:100}$

×××市建筑设计研究院	审定人		校对人		工程名称	多层住宅楼	图纸名称	㉘～①轴立面图	工程编号		阶段	施工图
	审核人		设计负责人								日期	
	项目负责人		设计人		项目名称	×××小区			图号	建施14	比例	

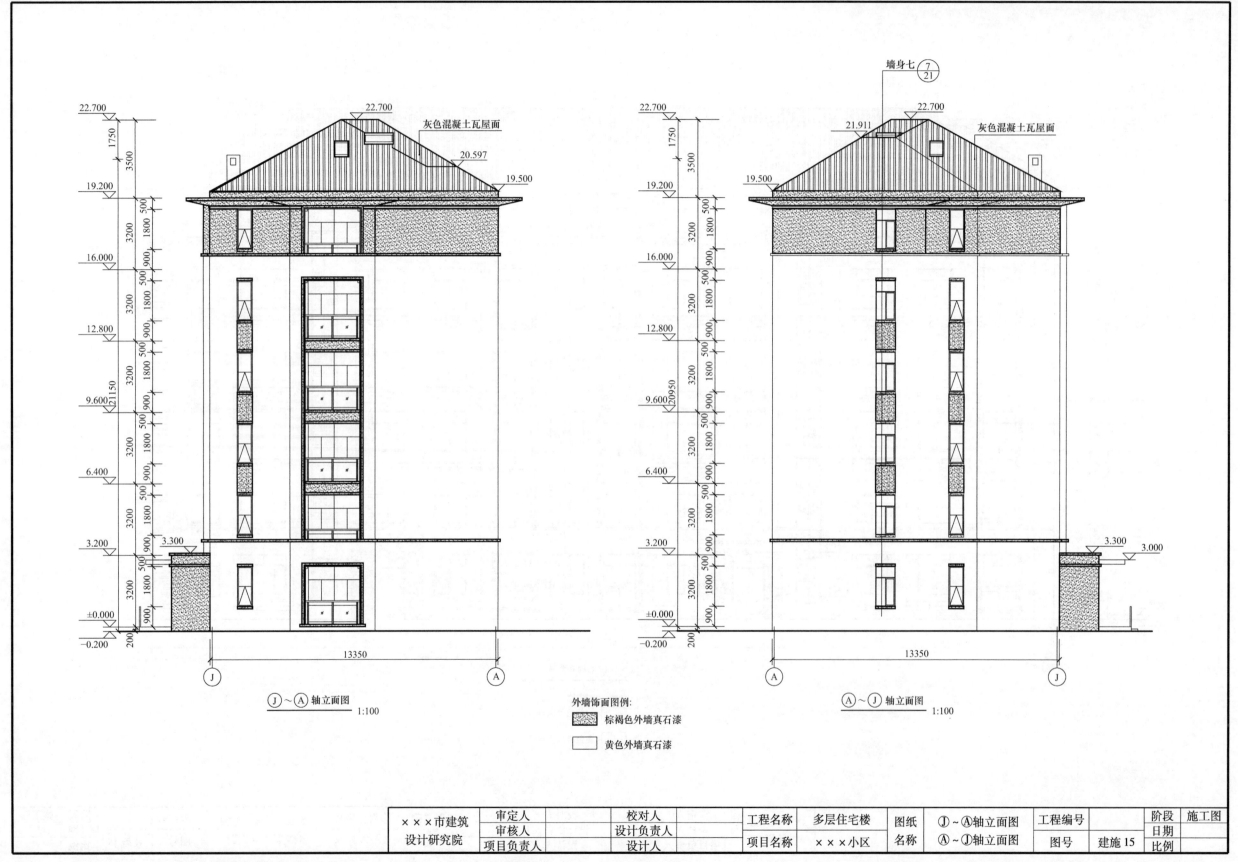

墙身七 ⑦/21

22.700
22.700
灰色混凝土瓦屋面
21.911
20.597
19.500
19.500

灰色混凝土瓦屋面

J~A 轴立面图 1:100

外墙饰面图例:
▨ 棕褐色外墙真石漆
□ 黄色外墙真石漆

A~J 轴立面图 1:100

<table>
<tr><td rowspan="3">×××市建筑
设计研究院</td><td>审定人</td><td></td><td>校对人</td><td></td><td>工程名称</td><td>多层住宅楼</td><td rowspan="3">图纸
名称</td><td>J~A轴立面图</td><td>工程编号</td><td></td><td>阶段</td><td>施工图</td></tr>
<tr><td>审核人</td><td></td><td>设计负责人</td><td></td><td rowspan="2">项目名称</td><td rowspan="2">×××小区</td><td rowspan="2">A~J轴立面图</td><td rowspan="2">图号</td><td rowspan="2">建施15</td><td>日期</td><td></td></tr>
<tr><td>项目负责人</td><td></td><td>设计人</td><td></td><td>比例</td><td></td></tr>
</table>

20

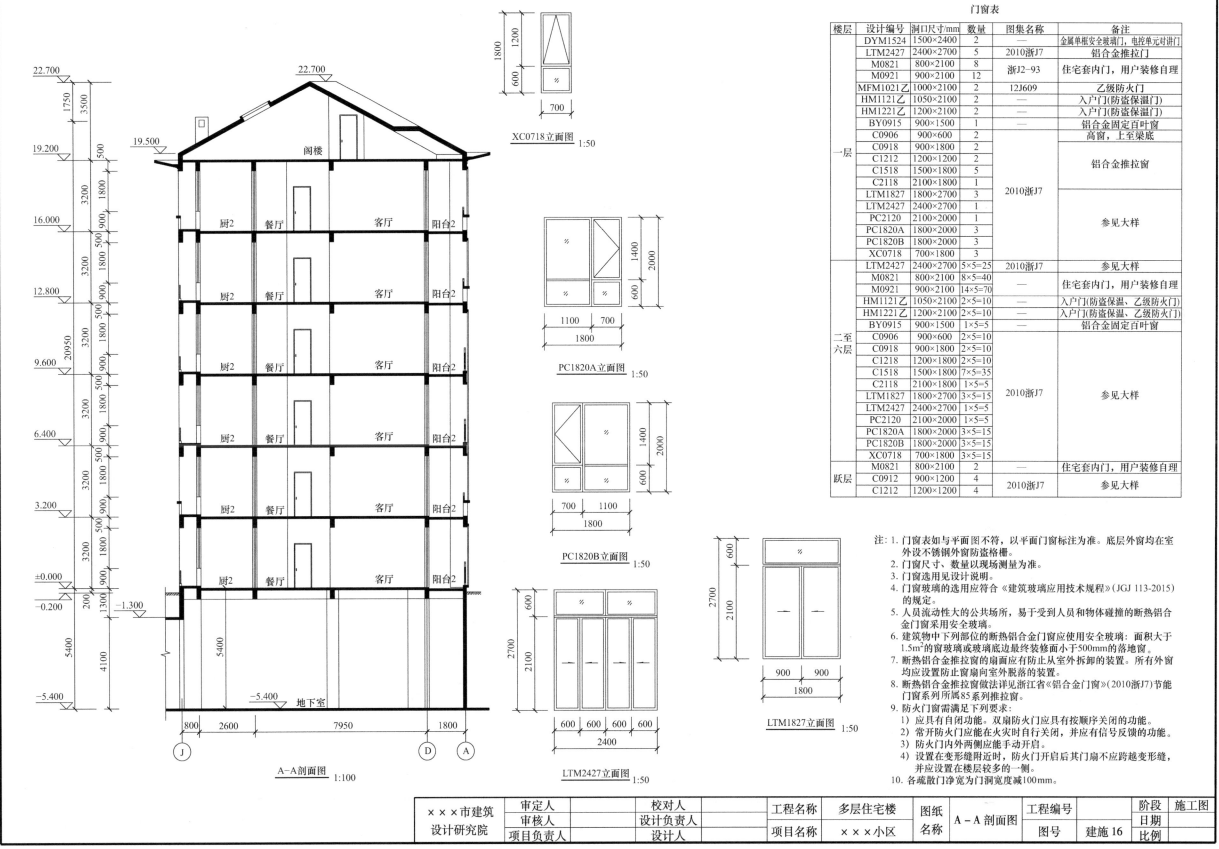

门窗表

楼层	设计编号	洞口尺寸/mm	数量	图集名称	备注
一层	DYM1524	1500×2400	2		金属单框安全玻璃门，电控单元对讲门
	LTM2427	2400×2700	5	2010浙J7	铝合金推拉门
	M0821	800×2100	8	浙J2-93	住宅套内门，用户装修自理
	M0921	900×2100	12		
	MFM1021乙	1000×2100	2	12J609	乙级防火门
	HM1121乙	1050×2100	2	—	入户门(防盗保温门)
	HM1221乙	1200×2100	2	—	入户门(防盗保温门)
	BY0915	900×1500	1		铝合金固定百叶窗
	C0906	900×600	2		高窗，上至梁底
	C0918	900×1800	2		
	C1212	1200×1200	2		铝合金推拉窗
	C1518	1500×1800	5		
	C2118	2100×1800	1	2010浙J7	
	LTM1827	1800×2700	1		
	LTM2427	2400×2700	1		
	PC2120	2100×2000	1		参见大样
	PC1820A	1800×2000	3		
	PC1820B	1800×2000	3		
	XC0718	700×1800	3		
二至六层	LTM2427	2400×2700	5×5=25	2010浙J7	参见大样
	M0821	800×2100	8×5=40	—	住宅套内门，用户装修自理
	M0921	900×2100	14×5=70	—	
	HM1121乙	1050×2100	2×5=10	—	入户门(防盗保温、乙级防火门)
	HM1221乙	1200×2100	2×5=10	—	入户门(防盗保温、乙级防火门)
	BY0915	900×1500	1×5=5		铝合金固定百叶窗
	C0906	900×600	2×5=10		
	C0918	900×1800	2×5=10		
	C1218	1200×1800	2×5=10		
	C1518	1500×1800	7×5=35		
	C2118	2100×1800	1×5=5	2010浙J7	参见大样
	LTM1827	1800×2700	3×5=15		
	LTM2427	2400×2700	1×5=5		
	PC2120	2100×2000	1×5=5		
	PC1820A	1800×2000	3×5=15		
	PC1820B	1800×2000	3×5=15		
	XC0718	700×1800	3×5=15		
跃层	M0821	800×2100	2	—	住宅套内门，用户装修自理
	C0912	900×1200	4	2010浙J7	参见大样
	C1212	1200×1200	4		

XC0718立面图 1:50

PC1820A立面图 1:50

PC1820B立面图 1:50

LTM2427立面图 1:50

LTM1827立面图 1:50

阁楼

22.700

厨2 餐厅 客厅 阳台2

A—A剖面图 1:100

注：1. 门窗表如与平面图不符，以平面门窗标注为准。底层外窗均在室外设不锈钢外窗防盗格栅。
2. 门窗尺寸、数量以现场测量为准。
3. 门窗选用见设计说明。
4. 门窗玻璃的选用应符合《建筑玻璃应用技术规程》(JGJ 113-2015)的规定。
5. 人员流动性大的公共场所，易于受到人员和物体碰撞的断热铝合金门窗采用安全玻璃。
6. 建筑物中下列部位的断热铝合金门窗应使用安全玻璃：面积大于1.5m²的窗玻璃或玻璃底边最终装修面小于500mm的落地窗。
7. 断热铝合金推拉窗的扇面应有防止从室外拆卸的装置。所有外窗均应设置防止窗扇向室外脱落的装置。
8. 断热铝合金推拉窗做法详见浙江省《铝合金门窗》(2010浙J7)节能门窗系列所属85系列推拉窗。
9. 防火门窗需满足下列要求：
1) 应具有自闭功能。双扇防火门应具有按顺序关闭的功能。
2) 常开防火门能在火灾时自行关闭，并应有信号反馈的功能。
3) 防火门内外两侧能手动开启。
4) 设置在变形缝附近时，防火门开启后其门扇不应跨越变形缝，并应设置在楼层较多的一侧。
10. 各疏散门净宽为门洞宽度减100mm。

×××市建筑设计研究院	审定人		校对人		工程名称	多层住宅楼	图纸名称	A—A剖面图	工程编号		阶段	施工图
	审核人		设计负责人								日期	
	项目负责人		设计人		项目名称	×××小区	图号	建施16			比例	

21

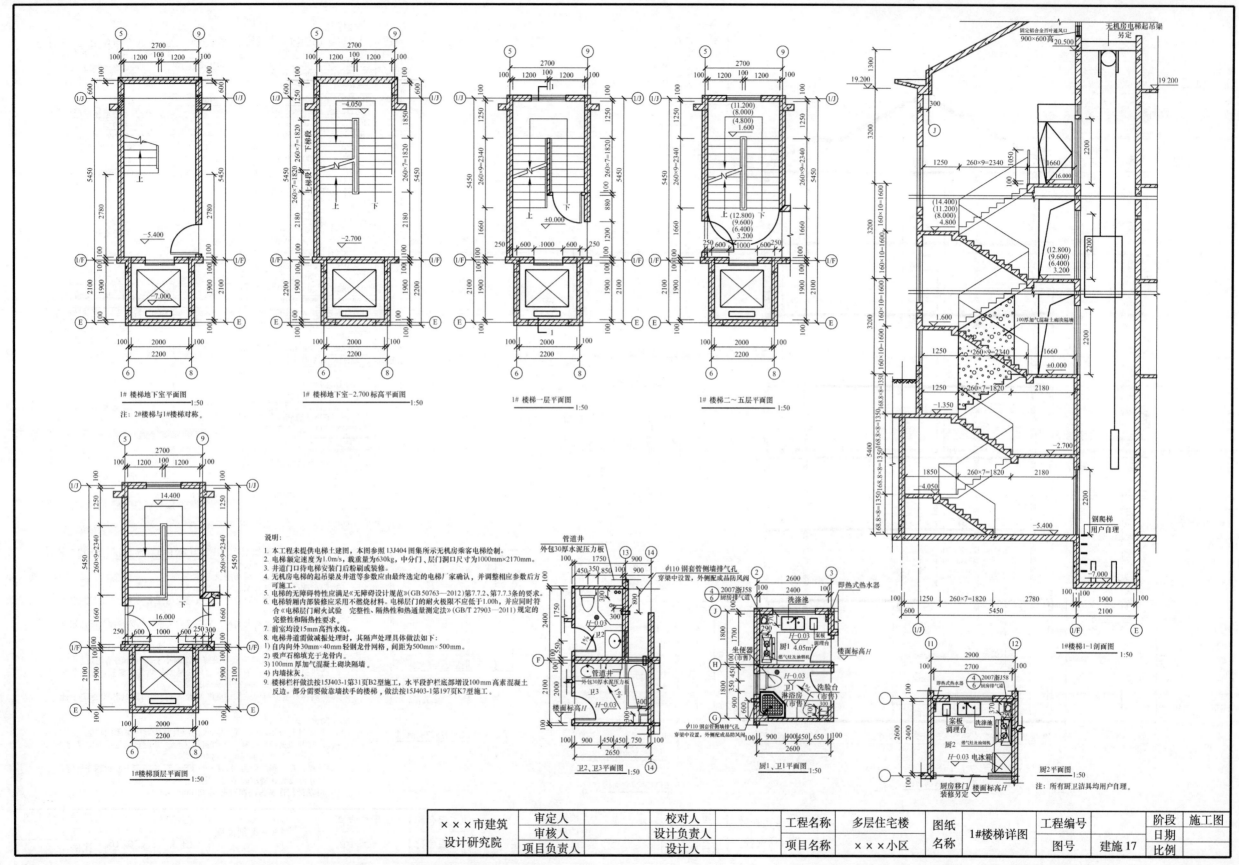

1# 楼梯地下室平面图 1:50
注：2#楼梯与1#楼梯对称。

1# 楼梯地下室-2.700标高平面图 1:50

1# 楼梯一层平面图 1:50

1# 楼梯二~五层平面图 1:50

1#楼梯顶层平面图 1:50

说明：
1. 本工程未提供电梯土建图，本图参照13J404图集所示无机房乘客电梯绘制。
2. 电梯额定速度为1.0m/s，截重量为630kg，中分门，层门洞口尺寸为1000mm×2170mm。
3. 井道门口口待电梯安装门后粉刷或装修。
4. 无机房电梯的起吊梁及井道等参数应由最终选定的电梯厂家确认，并调整相应参数后方可施工。
5. 电梯的无障碍特性应满足以《无障碍设计规范》(GB 50763—2012)第7.7.2、第7.7.3条的要求。
6. 电梯轿厢内部装修应采用不燃材料。电梯层门的耐火极限不应低于1.00h，并应同时符合《电梯层门耐火试验 完整性、隔热性和热通量测定法》(GB/T 27903—2011)规定的完整性和隔热性要求。
7. 前室均设15mm高挡水线。
8. 电梯井道需做减振处理时，其隔声作具体做法如下：
   ①自内向外30mm×40mm轻钢龙骨网格，间距为500mm×500mm。
   ②吸声石棉填充于龙骨内。
   ③100mm厚加气混凝土砌块隔墙。
   ④内墙抹灰。
9. 楼梯栏杆做法按15J403-1第31页B2型施工，水平段护栏底部增设100mm高素混凝土反边。部分需做靠墙扶手的楼梯，做法按15J403-1第197页K7型施工。

管道井
外包30厚水泥压力板

卫2、卫3平面图 1:50

φ110钢套管侧墙排气孔
穿梁中设置，外侧成品防风阀

厨1、卫1平面图 1:50

1#楼梯1-1剖面图 1:50

厨2平面图 1:50
注：所有厨卫洁具均由用户自理。

22

×××市建筑设计研究院	审定人		校对人		工程名称	多层住宅楼	图纸名称	1#楼梯详图	工程编号		阶段	施工图
审核人		设计负责人						日期	
项目负责人		设计人		项目名称	×××小区	图号	建施17	比例	

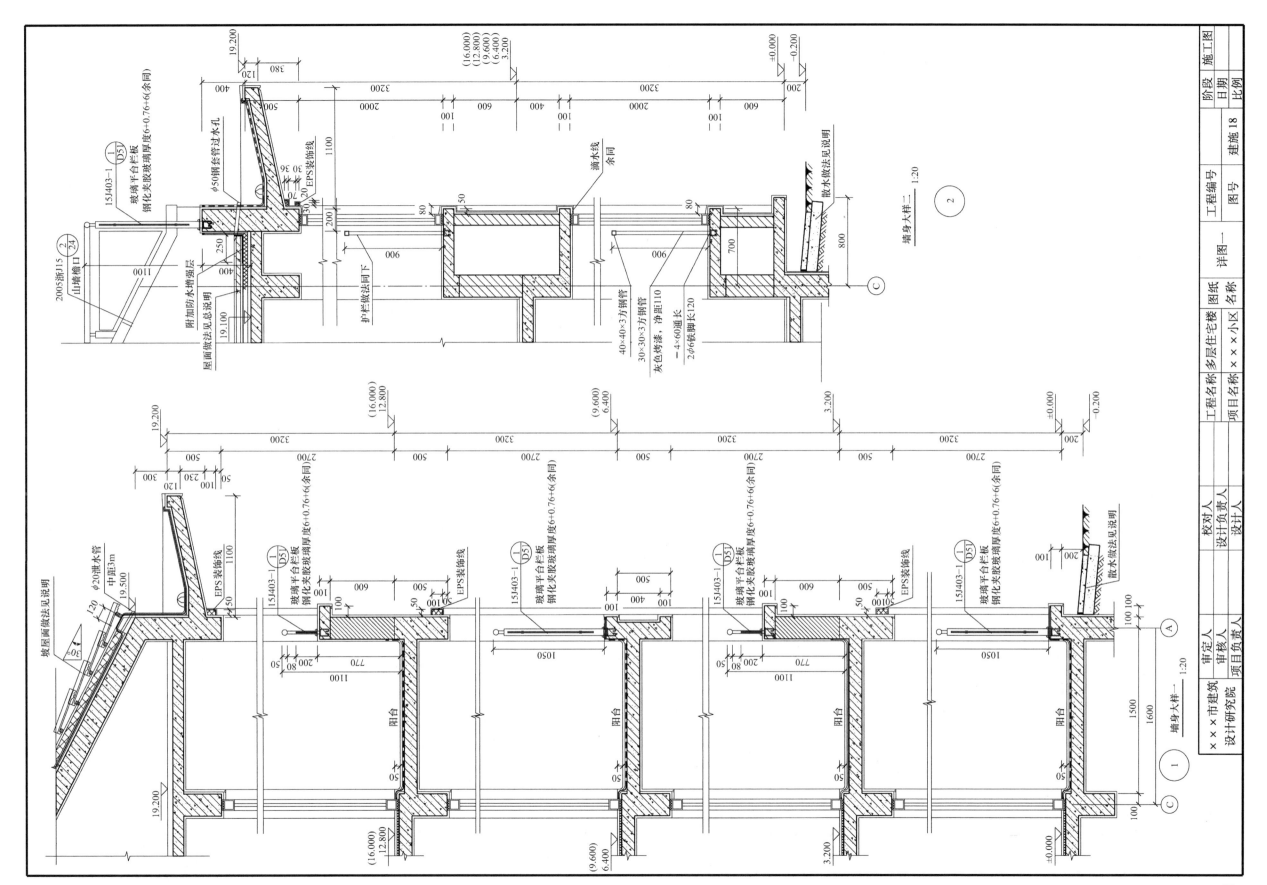

墙身大样二 1:20

墙身大样一 1:20

工程名称	多层住宅楼	图纸	名称	详图一	阶段	施工图
项目名称	××小区				日期	
					图号	建施18
××市建筑设计研究院	审定人	校对人	工程编号		比例	
	审核人	设计负责人				
	项目负责人	设计人				

23

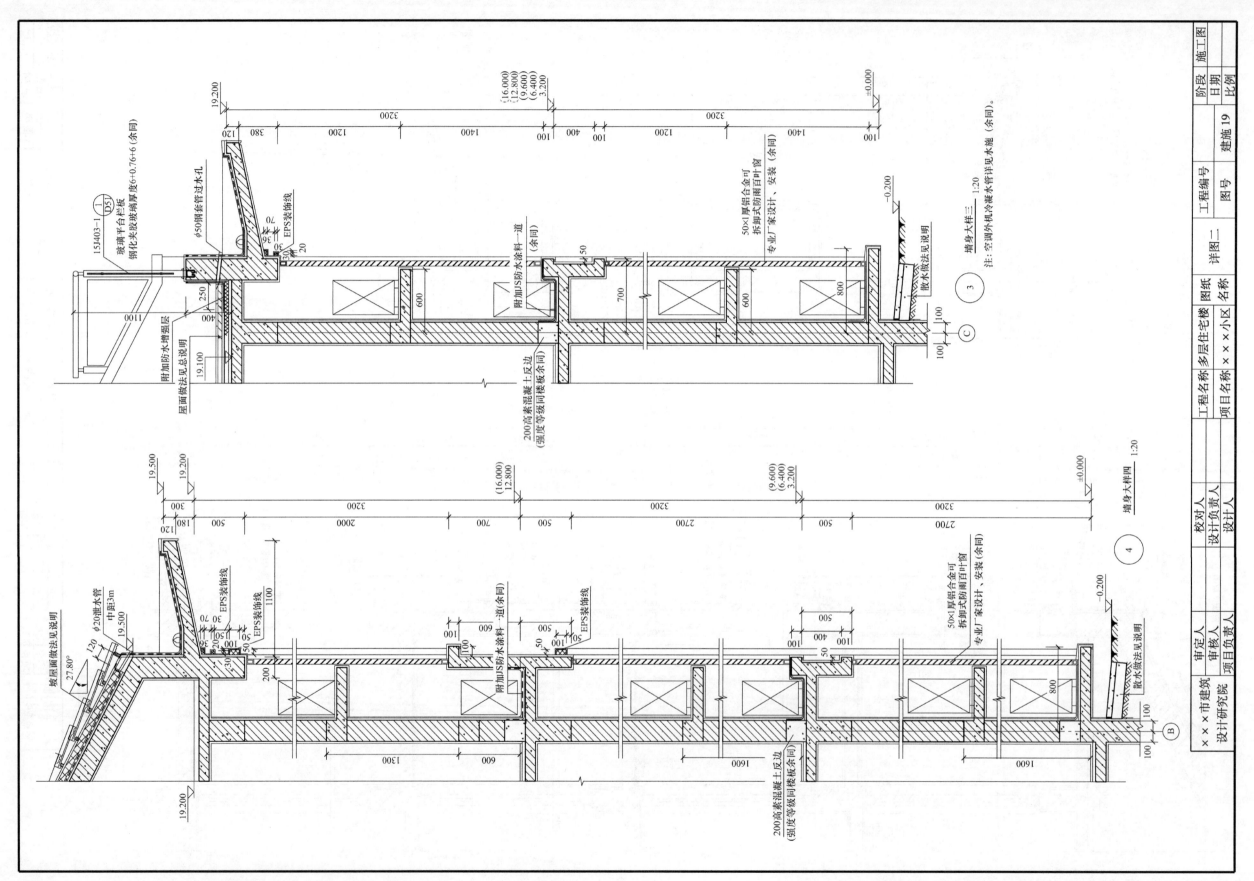

工程名称	多层住宅楼	图纸		阶段	施工图
项目名称	××小区	名称	详图二	日期	
				工程编号	
				图号	建施19
				比例	

××市建筑	审定人		校对人	
设计研究院	审核人		设计负责人	
	项目负责人		设计人	

墙身大样三 1:20

注：空调外机冷凝水管详见水施（余同）。

墙身大样四 1:20

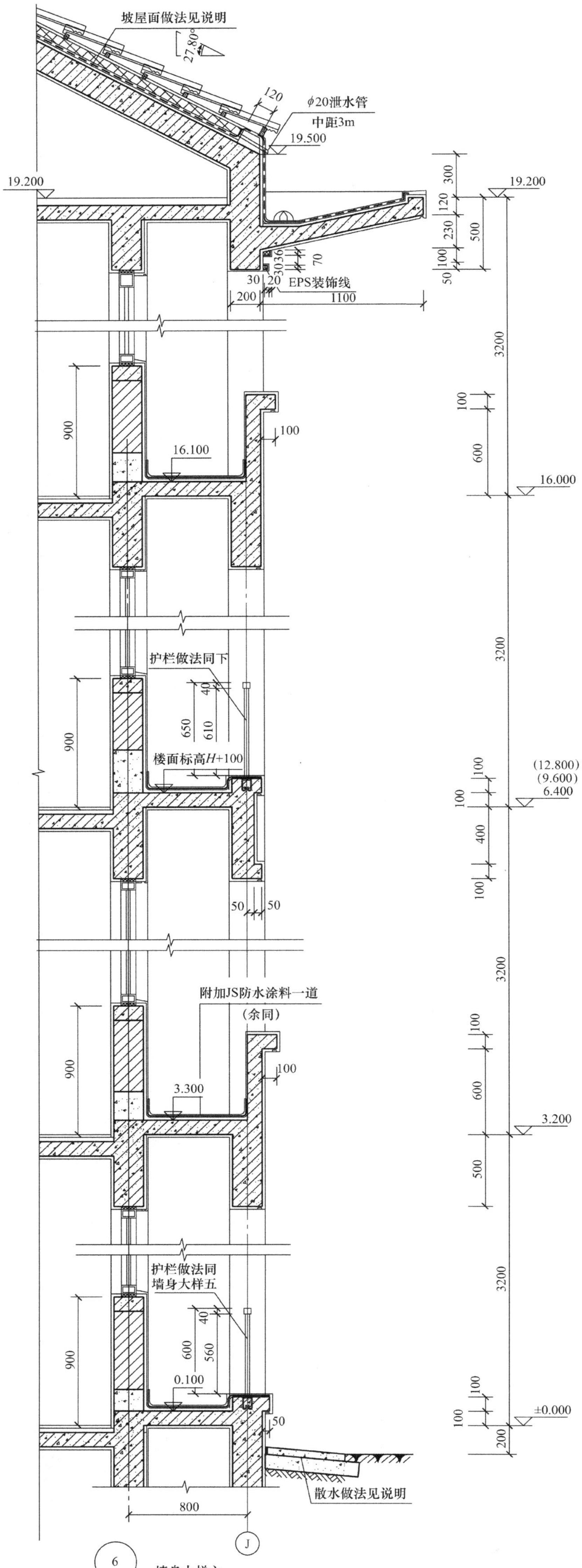

6 墙身大样六 1:20

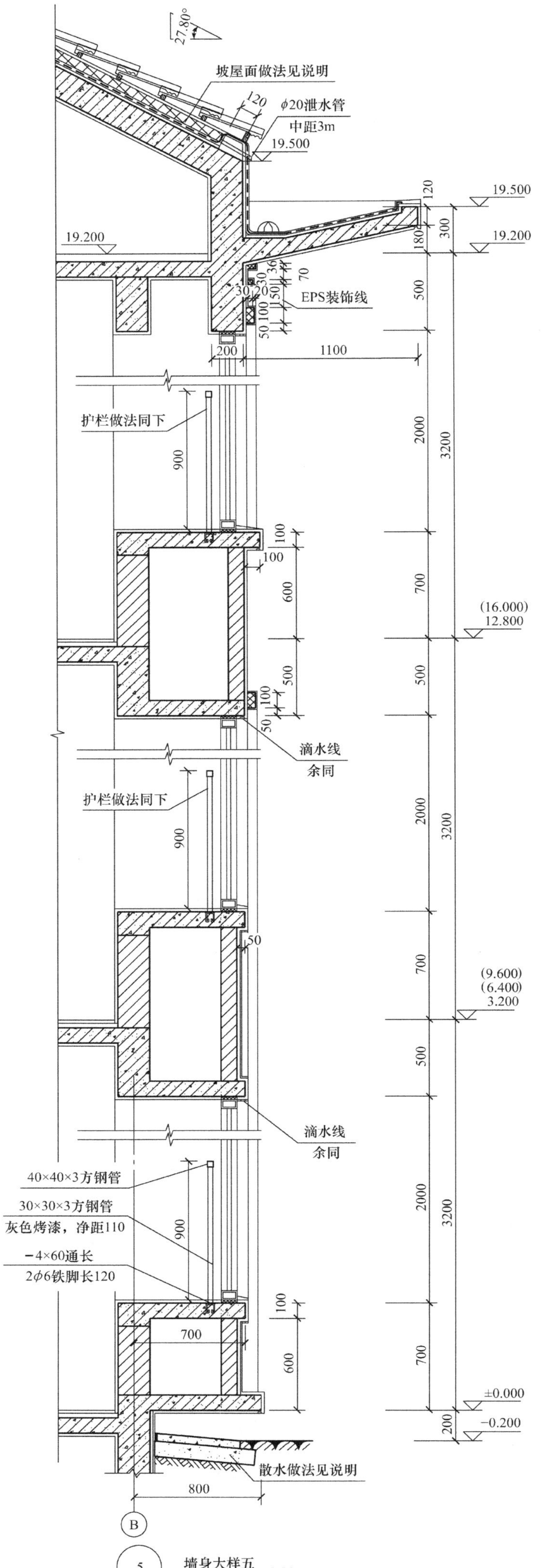

5 墙身大样五 1:20

×××市建筑设计研究院	审定人		校对人		工程名称	多层住宅楼	图纸名称	详图三	工程编号		阶段	施工图
	审核人		设计负责人								日期	
	项目负责人		设计人		项目名称	×××小区			图号	建施20	比例	

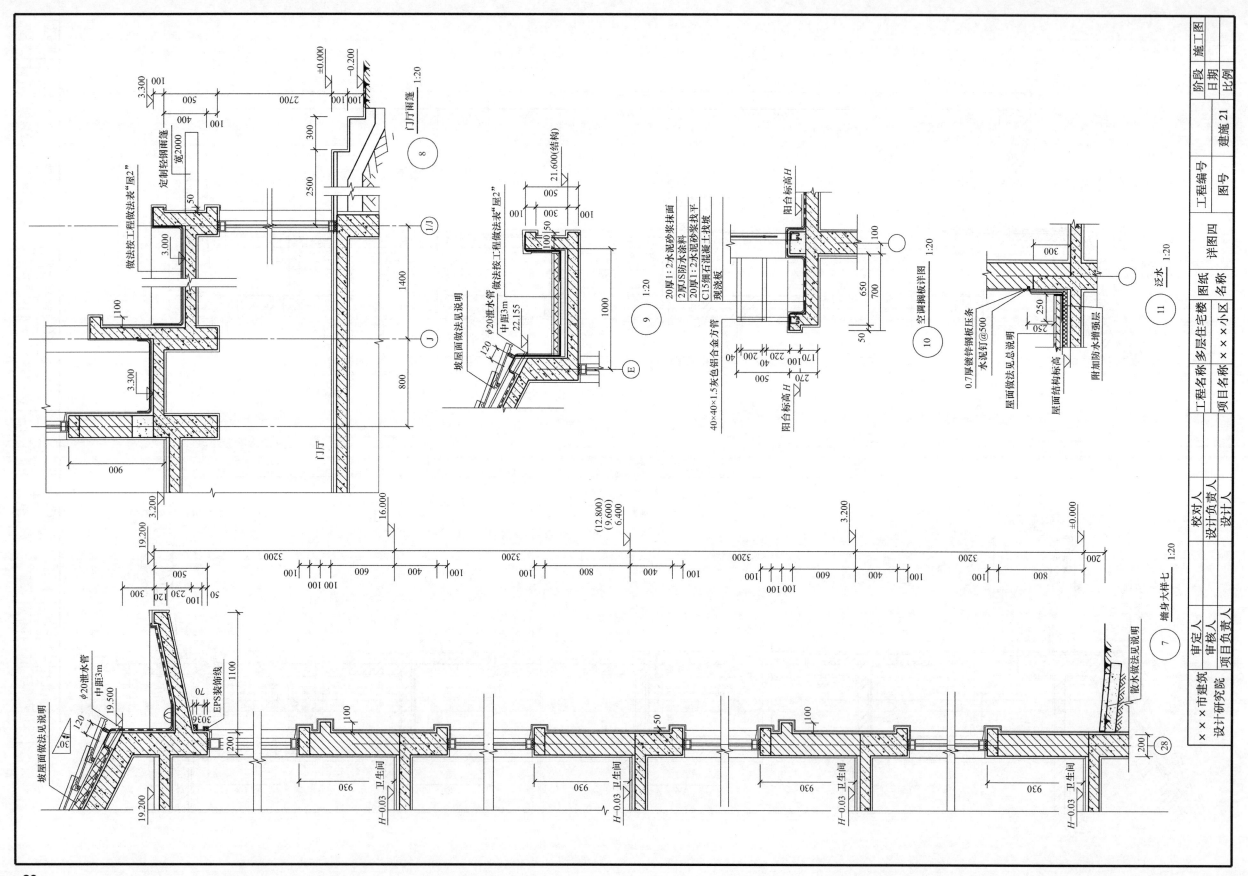

××市建筑	审定人		工程名称	多层住宅楼	图纸	图纸	详图四	阶段	施工图
设计研究院	审核人		项目名称	××小区	名称	名称		日期	
	项目负责人		校对人			工程编号		图号	建施 21
			设计负责人					比例	
			设计人						

26

2.2 多层住宅楼结构施工图

结构设计说明（一）

一、工程概况和总则

（1）建设地点：××市溪西新区；±0.000相当于绝对标高，详见建筑总平面图。

（2）单体概况：

单体名称	结构体系	基础形式	结构安全等级	耐火等级	裂缝控制等级	结构设计使用年限	抗震等级
1#	异形柱框架结构	柱下独立基础	二级	二级	三级	50年	四级
2#	异形柱框架结构	柱下独立基础	二级	二级	三级	50年	四级
3#、5#	异形柱框架结构	柱下独立基础	二级	二级	三级	50年	四级
6#、8#	异形柱框架结构	柱下独立基础	二级	二级	三级	50年	四级
7#	异形柱框架结构	柱下独立基础	二级	二级	三级	50年	四级
物业管理	框架结构	柱下独立基础	二级	二级	三级	50年	三级

注：各单体嵌固端均为地下室顶板。

（3）主要结构构件的耐火极限：详见建施图集。

（4）计量单位（除注明外）：长度为mm；角度为（°）；标高为m；强度为N/mm²。

（5）本工程中所有的结构施工图，凡图中无特殊说明的，均按本说明执行。

二、自然条件

（1）基本风压为0.35kN/m²（50年一遇），地面粗糙度类别为B类。

（2）基本雪压为0.55kN/m²（50年一遇）。

（3）抗震设防参数：

抗震设防烈度	设计基本地震加速度	建筑设计地震分组	建筑场地类别	特征周期值	建筑抗震设防类别
一	0.05g	第一组	Ⅱ类	0.35s	丙类（物业管理用房为乙类）

三、本工程设计遵循的主要标准、规范

（1）《建筑结构可靠性设计统一标准》（GB 50068—2018）。

（2）《中国地震动参数区划图》（GB 18306—2015）。

（3）《建筑结构荷载规范》（GB 50009—2012）。

（4）《建筑抗震设计规范》（GB 50011—2010）。

（5）《混凝土结构设计规范》（GB 50010—2010）。

（6）《砌体结构设计规范》（GB 50003—2011）。

（7）《高层建筑混凝土结构技术规程》（JGJ 3—2010）。

（8）《烧结多孔砖和多孔砌块》（GB/T 13544—2011）。

（9）《建筑地基基础设计规范》（GB 50007—2011）。

（10）《混凝土结构工程施工质量验收规范》（GB 50204—2015）。

（11）《砌体结构工程施工质量验收规范》（GB 50203—2011）。

（12）《建筑地基基础工程施工质量验收标准》（GB 50202—2018）。

注：本工程按国家现行设计标准进行设计，施工时除应遵守本说明及各设计图纸说明外，还应严格执行国家及地方的有关规范或规程。

四、本工程设计采用的图集及计算程序

（1）《混凝土结构施工图平面整体表示方法制图规则和构造详图（现浇混凝土框架、剪力墙、梁、板）》（16G101-1）。

（2）《混凝土结构施工图平面整体表示方法制图规则和构造详图（独立基础、条形基础、筏形基础、桩基础）》（16G101-3）。

（3）《砌体填充墙结构构造》（12G614-1）。

（4）本说明中的"国标图集"为"国家建筑标准设计图集"的简称。

（5）本工程计算程序采用中国建筑科学研究院PKPMCAD工程部研发的结构设计软件——PKPM（10版V2.2）。

（6）上部结构嵌固部位：地下室顶板。

五、主要荷载取值（标准值）及相关技术参数

楼面活荷载取值如下：

部位	住宅	卫生间、阳台	楼梯	物业管理用房	上人屋面	不上人屋面
荷载/（kN/m²）	2.0	2.5	3.5	2.0	2.0	0.55

注：1. 钢筋混凝土挑檐、悬挑雨篷，以及施工检修集中荷载为1.0kN；栏杆顶部水平荷载为1.0kN/m；栏杆顶部竖向荷载为1.0kN/m。

2. 楼面施工荷载不得超过上表格内荷载。

3. 楼层房间按建筑图中注明内容使用，未经技术鉴定或设计许可不得改变结构用途和使用环境，同时也不得在楼层梁上增建建筑图中未注明的隔墙。

六、主要结构材料（详图中注明除外）

（1）混凝土墙、柱、梁、板：见各个施工图。

（2）圈梁、过梁、构造柱、压顶圈梁等构件采用C25，其中与主体部分需同时浇筑的材料与主体相同。

（3）防水混凝土抗渗等级：

部位或构件	地下室及室外顶板	屋顶混凝土水箱
设计抗渗等级	详见地下室部分	P6

（4）柱（墙）混凝土强度等级高于梁（板）且相差≥5MPa时，梁（板）、柱（墙）节点区按柱（墙）混凝土强度等级示意浇捣；此时，先浇筑高等级混凝土，然后在高等级混凝土初凝前浇捣低等级混凝土，混凝土强度不同的梁、柱（墙）节点按下图施工。

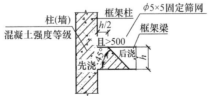

梁（柱）节点混凝土的强度

四、本工程设计采用的图集及计算程序（续，右栏顶部）

（5）结构混凝土耐久性基本要求见下表：

环境类别	最大水胶比	最大氯离子含量	最大碱含量
一	0.60	0.3%	不限制
二a	0.55	0.2%	3.0kg/m³

注：本工程在使用过程中，应对建筑进行定期维护。

（6）砌体要求如下：

墙体材料	使用部位	砌筑砂浆
MU20混凝土实心砖	±0.000以下与水、土直接接触的填充墙体	M10.0水泥砂浆
MU10页岩多孔砖（矩形孔）	±0.000以下地下室内填充墙体	M5.0水泥砂浆（预拌砂浆）
	±0.000以上填充墙	M5.0水泥砂浆（预拌砂浆），顶层及以上使用环境为M7.5砂浆

注：1. 墙体厚度详见建筑平面图，墙体材料的技术指标应符合有关标准。

2. 砌体施工质量控制等级为B级，施工应按有关要求执行。

（7）钢筋要求如下：

钢筋种类（符号）	HPB300（φ）	HRB400（Φ）
抗拉（压）强度设计值/（N/mm²）	270	360
强度标准值/（N/mm²）	300	400

注：1. 预埋件的锚筋应采用HPB300、HRB400钢筋，严禁采用冷加工钢筋。

2. 吊钩应采用HPB300钢筋，不得采用经冷处理过的钢筋。

3. 钢筋的强度应具有不小于95%的保证率。

4. 抗震等级为一级、二级、三级的框架和斜撑构件（含梯段）其纵向受力钢筋采用普通钢筋时，钢筋的抗拉强度实测值与屈服强度实测值的比值不应小于1.25；钢筋的屈服强度实测值与屈服强度标准值的比值不应大于1.3，且钢筋在最大拉力下的总伸长率实测值不应小于9%。

（8）钢板与型钢：Q235B、Q345B。钢材屈服强度实测值与抗拉强度实测值的比值不应大于0.85；钢材应有明显的屈服台阶且伸长率不应小于20%；钢材应有良好的焊接性和合格的冲击韧性。

（9）E43型焊条用于HPB300钢筋及Q235B钢板的焊接；E55型焊条用于HRB400钢筋的焊接。材质不同时，焊条应与低强度等级的材质相匹配。

（10）在施工中，当需要以强度等级较高的钢筋替代原设计中的纵向受力钢筋时，应按照钢筋受拉承载力设计值相等的原则进行换算，并应满足最小配筋率的要求。

（11）建筑工程所使用的砂、石、砖、砌块、水泥、混凝土、混凝土预制构件等无机非金属建筑主体材料的放射性限量：内照射指数和外照射指数均应小于等于1.0。其他指标满足《民用建筑工程室内环境污染控制标准》（GB 50325—2020）的各项要求。

七、地基基础

本工程基础详见地下室结构施工图。

×××市建筑设计研究院	审定人		校对人		工程名称	多层住宅楼	图纸名称	结构设计说明（一）	工程编号		阶段	施工图
	审核人		设计负责人						日期			
	项目负责人		设计人		项目名称	×××小区	图号	结施01	比例			

八、钢筋混凝土工程

1. 本工程不同位置的环境类别

本工程不同位置的环境类别					
构件位置	上部结构			地下部分	
	室内		室外	有覆土部分地下室顶板	其他
	卫生间、厨房	其他			
环境类别	二 a	一	二 a	二 b	二 a

2. 混凝土保护层

（1）构件中受力钢筋的保护层厚度不应小于钢筋的公称直径 d。

（2）设计使用年限为 50 年的混凝土结构，最外层钢筋的保护层厚度应符合下表的规定。

环境类别	板、墙、壳		梁、柱、杆	
	≤C25	≥C30	≤C25	≥C30
一	20mm	15mm	25mm	20mm
二 a	25mm	20mm	30mm	25mm
二 b	30mm	25mm	40mm	35mm

注：1. 钢筋混凝土基础宜设置混凝土垫层，基础中钢筋的混凝土保护层厚度应从垫层顶面算起，且不应小于 40mm。

2. 梁、板中预埋管的混凝土保护层厚度应≥30mm。

3. 各构件中可以采用不低于相应混凝土强度等级的素混凝土垫块来控制主筋保护层厚度。

3. 钢筋的锚固

（1）受拉钢筋的基本锚固长度 l_{abE}、受拉钢筋的锚固长度 l_{aE}、受拉钢筋锚固长度修正系数详见国标图集 16G101-1 第 57～58 页。

1）HPB300 钢筋末端应做 180°弯钩，弯后平直段长度不应小于 3d。

2）当锚固区保护层厚度不大于 5d 时，锚固长度范围内应设置横向构造钢筋，其直径不应小于 $d/4$（此处的 d 为锚固钢筋的最大直径）。锚固钢筋在对梁、柱等构件中的间距不应大于 5d，在板、墙等构件中的间距不应大于 10d，且均不应大于 100mm（此处的 d 为锚固钢筋的最小直径）。

（2）纵向受力钢筋搭接区的箍筋构造详见国标图集 16G101-1 第 59 页。

（3）纵向受拉钢筋绑扎搭接长度详见国标图集 16G101-1 第 61 页。

（4）除特殊注明外，非框架梁、井字梁、无梁楼盖中板带的上部纵向钢筋，在端支座的锚固均按充分利用钢筋的抗拉强度的要求施工，钢筋平直段伸至端支座对边后弯折，平直段长度≥0.6l_{abE}；对于图纸中特殊注明"设计按铰接"的部位，平直段长度≥0.35l_{abE}。

（5）钢筋混凝土墙、柱纵筋伸入承台或基础内的锚固，详见国标图集 16G101-3 第 58～59 页。

4. 钢筋的连接

（1）钢筋的连接分为两类：第一类为绑扎搭接；第二类为机械连接或焊接。机械连接或焊接接头的类型和质量应符合有关标准的规定。

（2）受力筋的连接接头应设置在构件受力较小的部位。当上部纵筋需要连接时，对于楼层梁和板，一般在跨中 1/3 范围内连接；当下部纵筋需要连接时，对于楼层框架梁，一般在支座 1/3 范围内的弯矩较小处连接；对于楼层非框架梁和板，一般在支座 1/4 范围内的弯矩较小处连接。

（3）特别注明为轴心受拉及小偏心受拉的构件（如桁架和拱的拉杆、下挂柱等），其纵向受力钢筋不得采用绑扎搭接接头。

（4）直接承受动力荷载的结构构件中，不应采用焊接接头。

（5）绑扎搭接接头的有关要求：

1）同一连接区段内的受拉钢筋搭接接头，详见国标图集 16G101-1 第 59 页。

2）同一连接区段内的受拉钢筋搭接接头面积百分率：对梁类、板类及墙类构件≤25%；对柱类构件≤50%。

3）受拉钢筋直径>25mm 及受压钢筋直径>25mm 时，不宜采用绑扎搭接连接。

（6）机械连接接头、焊接连接接头的有关要求：

1）同一连接区段内的受拉钢筋的机械连接、焊接接头，详见国标图集 16G101-1 第 59 页。

2）同一连接区段的纵向受拉钢筋机械接头百分率≤50%，纵向受压钢筋接头面积百分率可不受限制。

3）机械连接套筒的保护层厚度宜满足有关钢筋最小保护层厚度的规定。机械连接套筒的横向净间距不宜小于 25mm，套筒处箍筋的间距仍应满足相应的构造要求。

5. 起拱与拆模要求

（1）除另有说明外，对跨度≥4m 或悬挑长度≥2m 的梁、板应起拱 0.2% ～0.3%。

（2）构件的底模及其支架在拆除时，混凝土强度应符合《混凝土结构工程施工质量验收规范》（GB 50204—2015）的要求。

九、现浇钢筋混凝土框架、剪力墙、楼板的构造要求

1. 钢筋混凝土柱

（1）抗震柱 KZ 的纵向钢筋连接构造，详见国标图集 16G101-1 第 63 页。

（2）抗震柱 KZ 的边柱和角柱柱顶的纵向钢筋连接构造，详见国标图集 16G101-1 第 67 页。

（3）抗震柱 KZ 中柱柱顶的纵向钢筋构造、抗震柱 KZ 变截面位置处的纵向钢筋构造，详见国标图集 16G101-1 第 68 页。

（4）抗震柱 KZ、QZ、LZ 的箍筋加密范围及 QZ、LZ 的纵向钢筋构造，详见国标图集 16G101-1 第 65 页。

（5）当某层连接区的高度小于纵筋分两批搭接所需要的高度时，应改用机械连接或焊接连接。

2. 钢筋混凝土墙

（1）剪力墙墙身水平钢筋构造，详见国标图集 16G101-1 第 71～72 页。

（2）剪力墙墙身竖向钢筋构造，详见国标图集 16G101-1 第 73～74 页。

（3）约束边缘构件 YBZ 的构造，详见国标图集 16G101-1 第 75 页。

（4）构造边缘构件 GBZ、扶壁柱 FBZ、非边缘暗柱 AZ 的构造，剪力墙边缘构件的纵向钢筋连接构造，以及剪力墙上起约束作用的边缘构件的纵筋构造，详见国标图集 16G101-1 第 77 页。

（5）墙体水平钢筋不得代替暗柱箍筋的设置。当墙或墙的一个墙肢全长按暗柱设计时，则此墙或墙肢的全高墙体配置暗柱箍筋即可。

（6）剪力墙中 LL、AL、BKL 的配筋构造，详见国标图集 16G101-1 第 78 页。

（7）剪力墙中 BKL 或 AL 与 LL 重叠时的配筋构造，详见国标图集 16G101-1 第 79 页。

（8）连梁交叉斜筋配筋 LL（JX）、连梁集中对角斜筋配筋 LL（DX）、连梁对角暗撑配筋 LL（JC）等的构造，详见国标图集 16G101-1 第 81 页。

（9）地下室外墙 DWQ 的钢筋构造，详见国标图集 16G101-1 第 82 页。

（10）套管穿墙和墙体开洞处，钢筋按以下要求设置：洞口尺寸 d（套管直径/外径或洞口长边 b）≤200mm 时，钢筋绕过洞口；多孔并列时，孔中距应大于 3d。洞口尺寸大于 200mm、小于等于 800mm 时，按下图进行洞口补强。洞口尺寸大于 800mm 或有特殊要求时，另出结构详图。

剪力墙小洞口补强构造

3. 钢筋混凝土梁

（1）抗震楼层框架梁 KL 的纵向钢筋构造，详见国标图集 16G101-1 第 84 页。

（2）抗震屋面框架梁 WKL 的纵向钢筋构造，详见国标图集 16G101-1 第 85 页。

（3）梁、柱中心线偏心距大于该方向柱宽的 1/4 时，梁的加腋处理详见国标图集 16G101-1 第 87 页。

（4）KL、WKL 中间支座处的纵向钢筋构造，详见国标图集 16G101-1 第 87 页。

（5）抗震框架梁 KL、WKL 的箍筋构造，梁与方柱斜交或与圆柱相交时的箍筋起始位置，详见国标图集 16G101-1 第 88 页。

（6）非框架梁 L 的配筋构造、主（次）梁斜交箍筋的配筋构造，详见国标图集 16G101-1 第 88～89 页。

（7）附加箍筋范围、附加吊筋构造，详见国标图集 16G101-1 第 88 页。除特殊注明外，所有主（次）梁交接的地方，在主梁内均设附加箍筋（每边 3 根），直径同梁箍筋，吊筋为 2⌀14。

（8）非框架梁 L 的中间支座处的纵向钢筋构造，水平折梁、竖向折梁的钢筋构造，详见国标图集 16G101-1 第 91 页。折角处梁附加箍筋的直径、肢数同梁箍筋，且在折角处附加每侧 5 根、间距 50mm 的箍筋。

（9）纯悬挑梁 XL 及各类梁的悬挑端构造如下图所示，无注明处按照国标图集 16G101-1 第 92 页施工。

挑梁配筋构造

（10）主（次）梁相交处（梁顶为同一标高时），次梁的正（负）纵筋均应分别放在主梁正（负）纵向筋之上。

（11）当框架梁的端部支座为钢筋混凝土柱（墙）顶部时，则该梁端的纵筋锚固应按屋面框架梁的要求执行。

×××市建筑设计研究院	审定人		校对人		工程名称	多层住宅楼	图纸名称	结构设计说明（二）	工程编号		阶段	施工图
	审核人		设计负责人						日期			
	项目负责人		设计人		项目名称	×××小区	图号	结施02	比例			

（12）除梁配筋图中注明外，当梁腹板高度（h_w）≥450mm时，应在梁的两侧设置构造纵筋（腰筋），见下表：

$\frac{b}{\quad}h_w$	450<h_w≤500	500<h_w≤700	700<h_w≤900	900<h_w≤1100	1100<h_w≤1300	1300<h_w≤1500
b≤250	2×2⏀10	3×2⏀10	4×2⏀10	5×2⏀10	6×2⏀10	7×2⏀10
250<b≤350	2×2⏀12	3×2⏀12	4×2⏀12	5×2⏀12	6×2⏀12	7×2⏀12
350<b≤450	2×2⏀14	3×2⏀14	4×2⏀14	5×2⏀12	6×2⏀12	7×2⏀12
450<b≤550	2×2⏀16	3×2⏀14	4×2⏀14	5×2⏀14	6×2⏀14	7×2⏀14
550<b≤650	2×2⏀16	3×2⏀16	4×2⏀16	5×2⏀16	6×2⏀16	7×2⏀14
650<b≤750	2×2⏀18	3×2⏀16	4×2⏀16	5×2⏀16	6×2⏀16	7×2⏀16

注：1. 当梁宽≤350mm时，拉筋直径为6mm；梁宽>350mm时，拉筋直径为8mm，间距为非加密区箍筋间距的两倍。当没有多排拉筋时，上下两排拉筋应上下错开设置。拉筋弯钩应同时钩住纵筋和箍筋。

2. 当梁侧面配有直径不小于构造纵向钢筋的受扭钢筋时，受扭钢筋可以替代构造钢筋。

3. 梁侧面构造钢筋的搭接长度与锚固长度可取15d；梁侧面受扭纵筋的搭接长度为L，其锚固长度为l_a，锚固方式同框架梁下部纵筋。

（13）上翻梁钢筋的锚固详见下图：

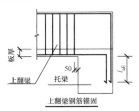

上翻梁钢筋锚固

（14）框架梁（柱）节点核心区的约束箍采用封闭箍，封闭箍在施工图中未表示时，箍筋直径取梁、柱箍筋的较大值，间距不小于100mm及柱身内加密区配置的箍筋间距。

（15）梁上预埋件应严格按图中要求设置，梁腰上的孔洞应做成圆形，孔洞直径d≤50mm时不需加固；当50mm<d≤0.2h或小于150mm时按下图要求作补强处理；当d>0.2h或大于150mm时，另出结构详图。多孔并列时，须满足下图中的尺寸要求。

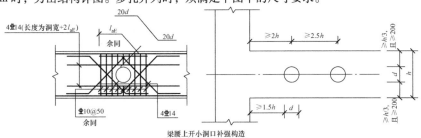

梁腰上开小洞口补强构造

4. 现浇钢筋混凝土板

（1）现浇板在端部支座的锚固构造（设计按充分利用钢筋抗拉强度考虑），详见国标图集16G101-1第99、100页。

（2）悬挑板钢筋构造、无支撑板端部封边构造、折板配筋构造，详见国标图集16G101-1第103页。

（3）双向板板底部钢筋配置：短跨钢筋置下排，长跨钢筋置上排；双向板上部钢筋配置：短跨钢筋置上排，长跨钢筋置下排。板面负筋应每隔1m加设ϕ10骑马凳（梅花形布置），施工时严禁踩踏，以确保板面负筋的有效高度。

（4）一般平板内的主筋采用绑扎搭接接头。板负筋分布筋配置：当主筋直径≥12mm时，采用ϕ8@200mm；当主筋直径<12mm时，采用ϕ6@200mm。

（5）跨度≥4.2m的单向或双向楼面板（双向板为短跨），其跨中上层未注明钢筋的，均设置双向ϕ8@200温度收缩钢筋网，该钢筋网与四周支座负筋搭接，如支座负筋为ϕ8@200mm，则将二者拉通，如下图所示：

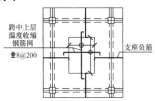

板上部跨中钢筋构造

（6）当板底与梁底持平时，板底钢筋伸入梁内并置于梁下部第一排纵向钢筋之上。

（7）当相邻板在支座两侧有高差且板两侧配筋相同时，板面钢筋可弯折后拉通或采取分离式的互锚处理，如下图所示：

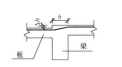

$\Delta h(b-50)$≤1/6时，上部负筋可连续布置

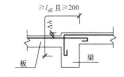

$\Delta h(b-50)$>1/6时，上部负筋在支座处断开

现浇板中间支座板筋构造节点

（8）楼内埋设设备管线时，所铺设管线应放在板底钢筋之上、板面钢筋之下，且管线的混凝土保护层厚度应≥30mm。当管线上方无板筋时，应沿预埋管走向设置板面附加钢筋网带（ϕ6@100mm×100mm），如下图所示：

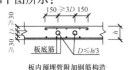

板内预埋管加钢筋构造

（9）板上孔洞应预留，避免后凿，一般结构平面图中只示出洞口尺寸>300mm的孔洞，施工时各工种必须根据各专业图纸配合土建施工预留全部孔洞。当孔洞尺寸小于300mm时，洞边不再另加钢筋，板筋由洞边绕过，不得截断；当孔洞尺寸300mm<b（D）≤1000mm时，洞口加强筋在图中无具体注明时，按下图施工，加强筋沿短跨通长，伸入支座内l_{aE}长度。加强筋沿跨方向的长度=洞口长度+两侧各l_{aE}，无注明处按国标图集16G101-1第110、111页要求施工。

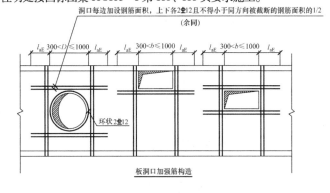

板洞口加强钢筋构造

（10）未注明楼板支座负筋长度的，在标注尺寸界线时，支座负筋下方标注的数值为自梁（墙、柱）边起算的直段长度。

（11）楼面现浇板在外墙转角处及开间>3.6m的房间四角处，均应加设板面放射筋$\phi$$d$@100（$d$同支座筋直径），如下图所示：

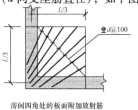

房间四角处的板面附加放射筋

板跨L取两个方向中板跨度的较小值

（12）墙厚≤120mm的轻质隔墙直接支撑在板上时，除施工图中注明外，楼板板面、板底应沿墙体方向设加强筋：板跨≤1.5m时，上下各2ϕ14；1.5m<板跨≤2.5m时，上下各2ϕ14；板跨>2.5m时，上下各3ϕ14。

（13）各层楼面异形板在墙或柱的阳角处，加设双层双向附加钢筋网，如下图所示。当该跨楼板为双层双向通长配筋时，如阳角处钢筋间距不满足要求，则可另加ϕ8短筋以满足间距要求。在屋面檐口板阳角的板面处加设放射筋，如下图所示。在挑檐板的阴处，应在垂直板对角的转角处配置加强钢筋，如下图所示。

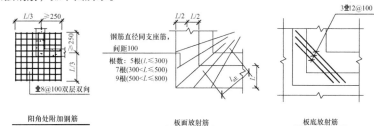

阳角处附加钢筋	板面放射筋	板底放射筋
（板跨L取两个板跨方向中跨度的较大值）	（挑檐板阳角处）	（挑檐板阴角处）

（14）需封堵的水电等设备管井，板内钢筋不截断，待管道安装完成后再浇筑混凝土。

（15）图中注明的后浇板，当注明配筋时，钢筋不断；未注明配筋时，先预留双层双向ϕ10@200钢筋网，待设备安装完毕后，再用同强度等级的混凝土浇筑，板厚同周围板或按图中要求。

十、砌体填充墙

（1）砌体填充墙平面位置详见建筑施工图，不得随意更改。应配合建筑施工图按要求预埋墙体插筋。

（2）砌体填充墙应沿框架柱高、混凝土墙全高设置2ϕ6@500拉筋，拉筋锚入柱内长度为l_{aE}，并沿填充墙全长贯通，如下图示：

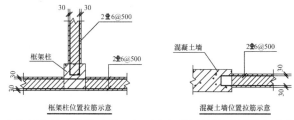

框架柱位置拉筋示意

混凝土墙位置拉筋示意

（3）砌体填充墙内的构造柱一般不在各楼层结构平面图中画出，按以下原则设置：

1）构造柱尺寸为墙厚×240mm，内配4ϕ10、ϕ6@200mm钢筋。

2）填充墙长度>5m，或墙长>2倍层高时，沿墙长度方向每隔4m设置一根构造柱。

3）填充墙端部无翼墙或混凝土柱（墙）时，在端部设置构造柱。

审定人		校对人		工程名称	多层住宅楼	图纸名称	结构设计说明（三）	工程编号		阶段	施工图
审核人		设计负责人						日期			
项目负责人		设计人		项目名称	×××小区			图号	结施03	比例	

×××市建筑设计研究院

4）填充墙转角处没有框架柱、混凝土墙时设置构造柱。

5）填充墙体材料不同时，交接处设构造柱过渡。

6）框架柱、混凝土墙边的砖墙垛长度不大于240mm时，可采用素混凝土整浇。

7）门窗洞口大于等于2.4m时，洞口两侧设置构造柱。

（4）填充墙内的构造柱应先砌墙，在构造柱处留出如下图所示的马牙槎，根据马牙槎尺寸要求从每层柱角开始设置马牙槎，设置时先退后进，以保证柱脚有较大的混凝土断面。施工主体结构时，应在上下楼层梁的相应位置预留相同直径和数量的插筋与构造柱纵筋连接，构造柱的钢筋应锚入梁（板）内上下各 L_{aE} 长度。

（5）砌体内门窗洞口顶部无梁时，均按下图的要求设置钢筋混凝土过梁。

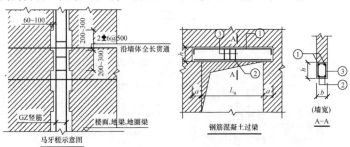

马牙槎示意图　　钢筋混凝土过梁　　A—A

钢筋混凝土过梁截面配筋

净跨 L_0/mm	$L_0 \le 1000$	$1000 < L_0 \le 1500$	$1500 < L_0 \le 2000$	$2000 < L_0 \le 2500$	$2500 < L_0 \le 3000$	$3000 < L_0 \le 3500$
梁高 h/mm	120	150	180	240	300	350
支撑长度 a/mm	180	240	240	360	360	360
面筋①	2 Φ 10	2 Φ 10	2 Φ 10	2 Φ 12	2 Φ 12	2 Φ 12
面筋②	2 Φ 10	2 Φ 12	2 Φ 14	2 Φ 16	2 Φ 16	2 Φ 16
面筋③	Φ 6@200				Φ 6@150	

（6）填充墙厚度不大于150mm且墙体净高大于3m或填充墙厚度大于150mm且墙体净高大于4m时，应沿墙高半高处或门洞上皮设置水平连系梁，水平连系梁做法参见国标图集12G614-1第20页，注意与柱连接且沿全墙贯通。柱（墙）施工时，应在相应位置预留相同直径和数量的插筋与连系梁纵筋连接。当水平连系梁遇洞口被打断时，按照国标图集11G329-2第1~23页高低圈梁的做法施工。当过梁与楼层结构梁距离较近时，过梁与结构梁可连成整体，如下图示：

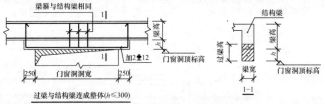

过梁与结构梁连成整体（h≤300）

（7）填充墙不砌至梁、板底面时，墙顶必须增设一道长圈梁。圈梁高200mm，宽同墙宽，配筋为4 Φ 12、Φ 6@200mm。

（8）墙应在主体结构施工完毕后由上而下砌筑，要防止下层梁承受上层梁以上结构的荷载。

（9）填充墙与混凝土构件周边接缝处及施工通道周边，在粉刷前应固定设置镀锌钢丝网，沿界面缝两侧每边≥200mm。

（10）墙体开设管线槽时应使用开槽机，严禁敲击成槽。管线埋设后，小孔和小槽用水泥砂浆填补，大孔和大槽用细石混凝土填满。

（11）楼梯间和人流通道的填充墙，采用钢丝网（10mm × 10mm × 0.6mm）砂浆（M10）面层加强。

（12）其他无注明处均按12G614-1及《蒸压砂加气混凝土（AAC）砌块构造详图》（2010 浙 G34）图集执行。

十一、其他说明

（1）未经技术鉴定或设计许可，不得改变结构的用途和使用环境。

（2）施工楼面堆载不得超过设计使用荷载。

（3）后浇带。后浇带应在其两侧混凝土龄期达到60d后再施工，后浇带应采用补偿收缩混凝土（限制膨胀率大于等于0.025%）浇筑，其强度等级应比既有混凝土提高一级，后浇带混凝土的养护时间不得少于28d，后浇带两边梁板支撑需在后浇带浇完28d后才能拆除。梁后浇带加强筋大样和现浇板后浇带详图分别如下图所示：

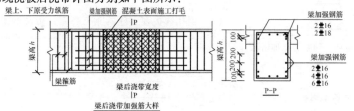

梁后浇带加强筋大样　　P—P

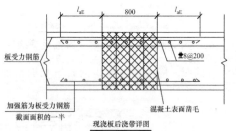

现浇板后浇带详图

（4）沉降观测。沉降观测点位置详见结施05。沉降观测自完成±0.000开始，每施工一层观测一次，到顶后每月观测一次。竣工验收后第一年观测次数不少于4次，第二年不少于2次，以后每年不少于1次，直至建筑物沉降稳定。若发现沉降异常，应及时通知设计单位，沉降观测点做法见下图：

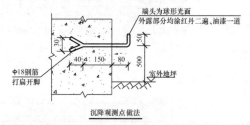

沉降观测点做法

（5）对于外露的现浇钢筋混凝土女儿墙、挂板、栏板、檐口等构件，当其水平直线长度超过12m时，设伸缩缝，缝宽10mm。

（6）所有预留孔洞、预埋套管，应根据各专业图纸由各工种施工人员核对无误后方可施工。结构图纸中标注的预留孔洞等与各专业图纸不符时，应事先通知设计人员处理。

（7）埋设接线盒、线管、开关时，遗留的槽口及各种管洞必须由专业人员封堵，电工、水暖工不得随意封堵。

（8）卫生间、淋浴间、开水间、室外楼地面及出屋面建筑物四周在墙内的部分应做素混凝土翻边，翻边见建筑施工图。翻边素混凝土应与楼（屋）面板同时浇筑，不得留有施工缝。

（9）屋面天沟及雨篷等应设置必要的过水管（孔），施工完毕后必须清扫干净，保持排水畅通，过水管（孔）设置的标高应考虑建筑面层的厚度。

（10）防雷接地做法见电气施工图。

（11）电梯订货必须符合本施工图预留的洞口尺寸要求，订货后应提供电梯施工详图给设计单位，以便进行尺寸复核、预留机房孔洞及设置吊钩等工作。

（12）电梯门框两侧设置200mm×200mm构造柱，配筋为4 Φ 12、Φ 6@200mm；电梯井处每间隔2~2.5m设置一道200mm×240mm圈梁，配筋为4 Φ 12、Φ 6@200mm。

（13）预埋件

1）所有钢筋混凝土构件均应按各工种的要求施工。各工种应密切配合进行预埋件的埋设，留全所需预埋件，不得随意采用膨胀螺栓固定。

2）建筑幕墙与主体结构的连接必须采用预埋件连接。

3）预埋件的锚筋（锚固角钢）不得与构件中的主筋相碰，并应放置在构件最外层主筋的内侧，预埋件不应突出构件表面，也不应大于构件的外形尺寸。锚板尺寸较大时应在钢板上开设排气孔（φ30mm），以确保混凝土浇捣密实。预埋件的外露部分应在除锈后涂上防锈漆。

（14）总说明所规定的内容若在施工图中已另有说明，则以施工图为准。

（15）本总说明未做详尽规定或未之处按国标图集16G101-（1~3）、12G614-1及现行有关规范、规程执行。

（16）设计单位要求各建设参与方在开工前参加图纸会审，并且要求施工单位主体合法、施工各方行为程序合法、施工顺序合规。

（17）本设计单位重申：本套图纸未经相关部门审查前，不作为施工依据。

（18）本施工设计说明与施工图互为补充，施工单位应在施工前熟悉图纸，经我单位各专业技术交底后方能施工，未经同意不得擅自变更设计。

（19）本设计单位不承担甲方擅自变更设计、建筑用途而引起的一切后果。

×××市建筑设计研究院	审定人		校对人		工程名称	多层住宅楼	图纸名称	结构设计说明（四）	工程编号		阶段	施工图
	审核人		设计负责人								日期	
	项目负责人		设计人		项目名称	×××小区	图号	结施04			比例	

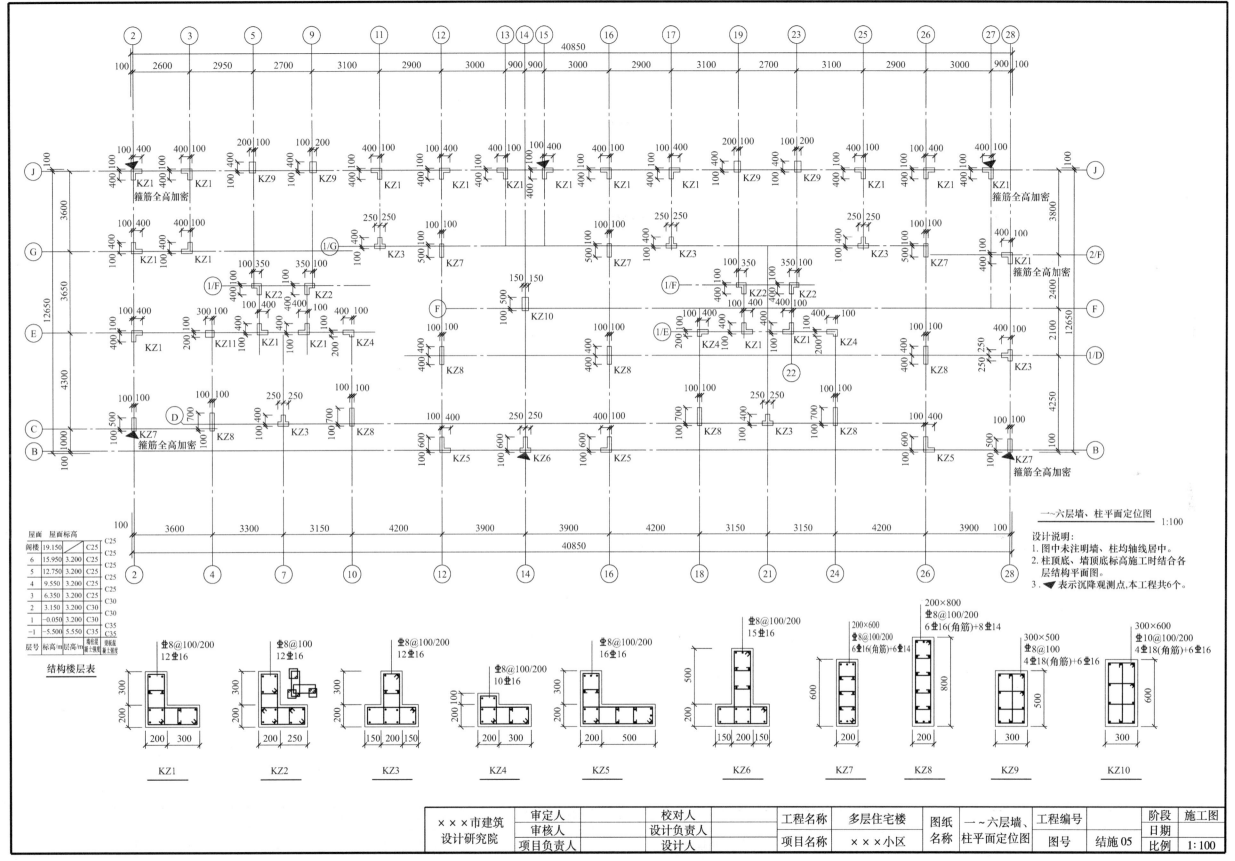

一～六层墙、柱平面定位图
1:100

设计说明：
1. 图中未注明墙、柱均线轴居中。
2. 柱顶底、墙顶底标高施工时结合各层结构平面图。
3. ▼表示沉降观测点,本工程共6个。

结构楼层表

屋面	屋面标高		
阁楼	19.150		C25
6	15.950	3.200	C25
5	12.750	3.200	C25
4	9.550	3.200	C25
3	6.350	3.200	C25
2	3.150	3.200	C30
1	-0.050	3.200	C30
-1	-5.500	5.550	C35
层号	标高/m	层高/m	墙柱混凝土强度 楼板混凝土强度

<table>
<tr><td>KZ1
Φ8@100/200
12Φ16</td><td>KZ2
Φ8@100
12Φ16</td><td>KZ3
Φ8@100/200
12Φ16</td><td>KZ4
Φ8@100/200
10Φ16</td><td>KZ5
Φ8@100/200
16Φ16</td><td>KZ6
Φ8@100/200
15Φ16</td><td>KZ7 200×600
Φ8@100/200
6Φ16(角筋)+6Φ14</td><td>KZ8 200×800
Φ8@100/200
6Φ16(角筋)+8Φ14</td><td>KZ9 300×500
Φ8@100
4Φ18(角筋)+6Φ16</td><td>KZ10 300×600
Φ10@100/200
4Φ18(角筋)+6Φ16</td></tr>
</table>

×××市建筑 设计研究院	审定人		校对人		工程名称	多层住宅楼	图纸 名称	一～六层墙、 柱平面定位图	工程编号		阶段	施工图
	审核人		设计负责人								日期	
	项目负责人		设计人		项目名称	×××小区			图号	结施05	比例	1:100

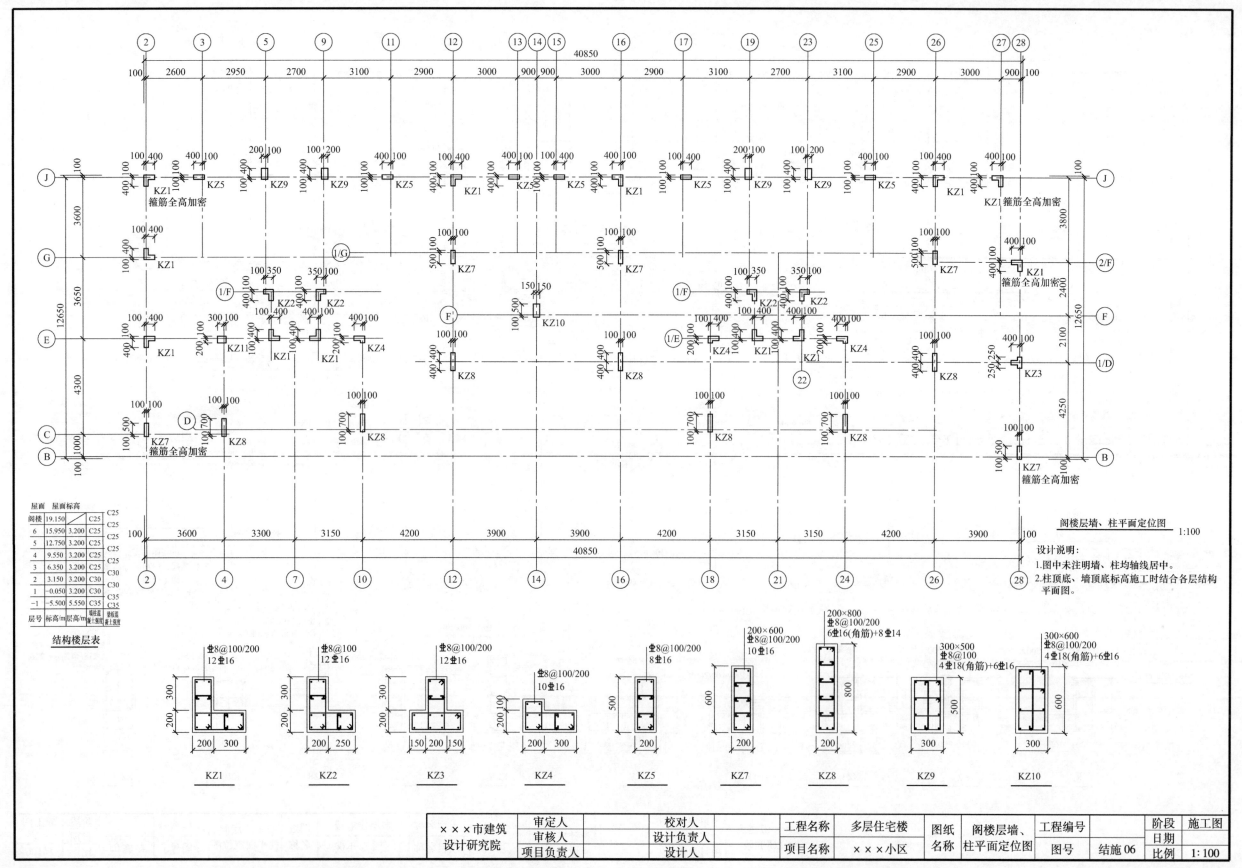

阁楼层墙、柱平面定位图 1:100

设计说明:
1.图中未注明墙、柱均线居中。
2.柱顶底、墙顶底标高施工时结合各层结构平面图。

结构楼层表

层号	标高/m	层高/m	墙柱混凝土强度等级	梁板混凝土强度等级
屋面 屋面标高				
阁楼	19.150		C25	C25
6	15.950	3.200	C25	C25
5	12.750	3.200	C25	C25
4	9.550	3.200	C25	C25
3	6.350	3.200	C25	C30
2	3.150	3.200	C30	C30
1	-0.050	3.200	C30	C30
-1	-5.500	5.550	C35	C35

×××市建筑设计研究院	审定人		校对人		工程名称	多层住宅楼	图纸名称	阁楼层墙、柱平面定位图
	审核人		设计负责人					
	项目负责人		设计人		项目名称	×××小区		

工程编号 / 图号 结施06 / 阶段 施工图 / 日期 / 比例 1:100

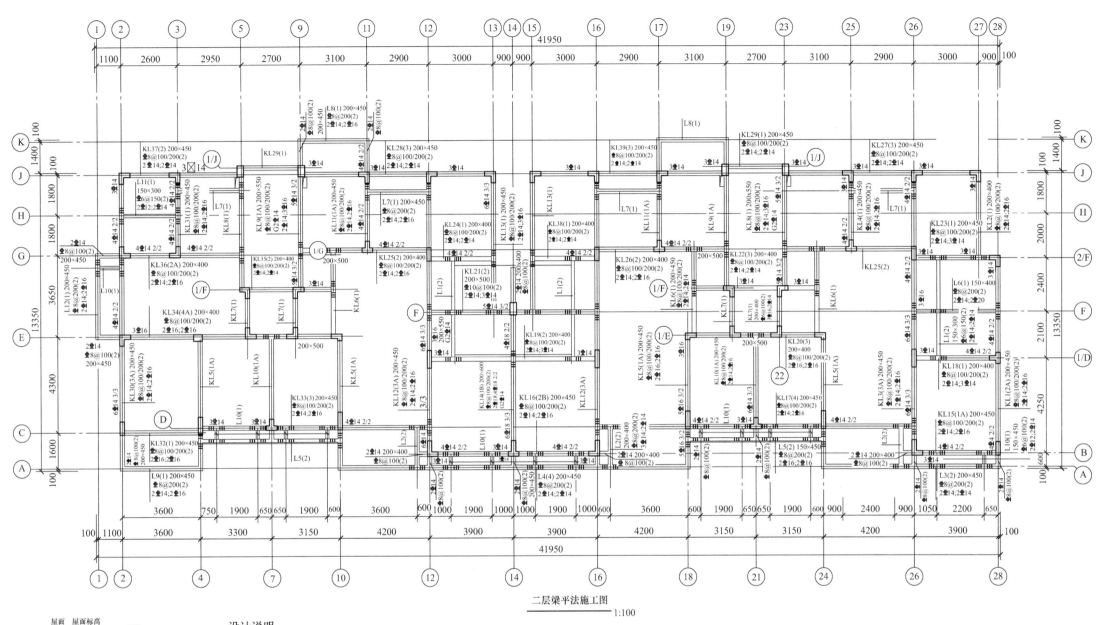

二层梁平法施工图
1:100

设计说明：

1. 主（次）梁相交处均在主梁上。次梁位置两侧各附加 3φd@ 50mm（d 为主梁箍筋直径）箍筋。

2. 电梯井处每间隔 2～2.5m 设置一道 200mm×240mm 圈梁，配筋为 4φ12、φ6@ 200mm。电梯门框两侧设置 200mm×200mm 构造柱，配筋为 4φ12、φ6@ 200mm。

3. 砌体墙中门窗洞口顶距结构梁（或板）底小于过梁高度时，梁下做混凝土吊板与结构梁整浇，做法详见结构设计总说明第十条。

4. 长度≤100mm 的门窗洞边小墙垛与结构墙（柱）相接时，应采用素混凝土与结构墙（柱）整浇。

5. 除特殊注明外，梁均居轴线中或与墙边、柱边、轴线边齐平，未注明的梁顶同板顶持平。

6. 图中未定位的构造柱均轴线居中或沿墙长居中。构造柱除图中注明外，其余构造柱按总说明要求设置。

7. 板面预留孔洞配合相关专业图纸施工。烟道位于厨房外时、卫生间立管位于卫生间外时、热水器位于厨房外时，应在梁上设预留洞；当空调孔洞穿梁时，应在合理位置预埋套管。

结构楼层表

屋面	屋面标高		C25
阁楼	19.150		C25
6	15.950	3.200	C25
5	12.750	3.200	C25
4	9.550	3.200	C25
3	6.350	3.200	C25
2	3.150	3.200	C30
1	-0.050	3.200	C30
-1	-5.500	5.550	C35
层号	标高/m	层高/m	墙柱混凝土强度 板梁混凝土强度

	审定人		校对人		工程名称	多层住宅楼	图纸名称	二层梁平法施工图	工程编号		阶段	施工图
×××市建筑设计研究院	审核人		设计负责人								日期	
	项目负责人		设计人		项目名称	×××小区			图号	结施07	比例	1:100

33

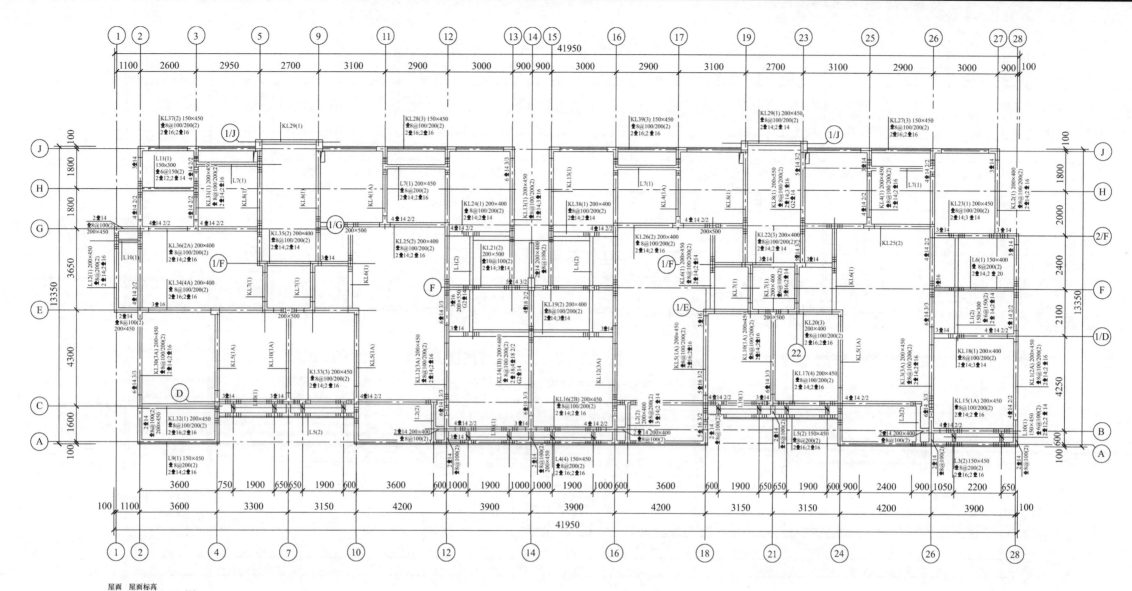

三～四层梁平法施工图
1:100

结构楼层表

屋面	屋面标高		
阁楼	19.150		C25
6	15.950	3.200	C25
5	12.750	3.200	C25
4	9.550	3.200	C25
3	6.350	3.200	C25
2	3.150	3.200	C30
1	-0.050	3.200	C30
-1	-5.500	5.550	C35
层号	标高/m	层高/m	砌体墙/圈梁/构造柱混凝土强度 / 墙柱混凝土强度

设计说明:
1. 主(次)梁相交处均在主梁上。次梁位置两侧各附加 3$\underline{\Phi}$$d$@50mm($d$ 为主梁箍筋直径)箍筋。
2. 电梯井处每间隔 2~2.5m 设置一道 200mm×240mm 圈梁,配筋为 4$\underline{\Phi}$12、$\underline{\Phi}$6@200mm。电梯门框两侧设置 200mm×200mm 构造柱,配筋为 4$\underline{\Phi}$12、$\underline{\Phi}$6@200mm。
3. 砌体墙中门窗洞口顶距结构梁(或板)底小于过梁高度时,梁下做混凝土吊板与结构梁整浇,做法详见结构设计总说明第十条。
4. 长度≤100mm 的门窗洞边小墙垛与结构墙(柱)相接时,应采用素混凝土与结构墙(柱)整浇。

5. 除特殊注明外,梁均居轴线中或与墙边、柱边、轴线边齐平,未注明的梁顶同板顶持平。
6. 图中未定位的构造柱均轴线居中或沿墙长居中。构造柱除图中注明外,其余构造柱按总说明要求设置。
7. 板面预留孔洞配合相关专业图纸施工。烟道位于厨房外时、卫生间立管位于卫生间外时、热水器位于厨房外时,应在梁上设预留洞;当空调孔洞穿梁时,应在合理位置预埋套管。

×××市建筑设计研究院	审定人		校对人		工程名称	多层住宅楼	图纸名称	三～四层梁平法施工图	工程编号		阶段	施工图
	审核人		设计负责人								日期	
	项目负责人		设计人		项目名称	×××小区			图号	结施08	比例	1:100

34

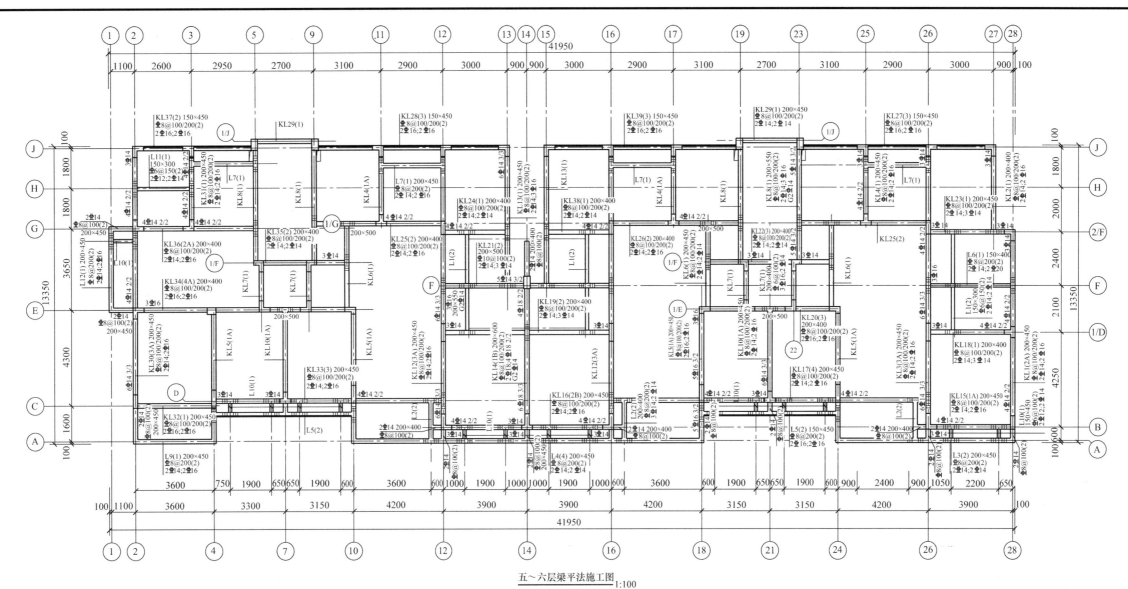

五～六层梁平法施工图 1:100

结构楼层表

层号	标高/m	层高/m	墙、柱混凝土强度	梁、板混凝土强度
阁楼	19.150		C25	C25
6	15.950	3.200	C25	C25
5	12.750	3.200	C25	C25
4	9.550	3.200	C25	C25
3	6.350	3.200	C30	C25
2	3.150	3.200	C30	C30
1	-0.050	3.200	C35	C30
-1	-5.500	5.550	C35	C35

设计说明:

1. 主(次)梁相交处均在主梁上。次梁位置两侧各附加 3d@50mm(d 为主梁箍筋直径)箍筋。

2. 电梯井处每间隔 2～2.5m 设置一道 200mm×240mm 圈梁,配筋为 4Φ12、Φ6@200mm。电梯门框两侧设置 200mm×200mm 构造柱,配筋为 4Φ12、Φ6@200mm。

3. 砌体墙中门窗洞口顶距结构梁(或板)底小于过梁高度时,梁下做混凝土吊板与结构梁整浇,做法详见结构设计总说明第十条。

4. 长度≤100mm 的门窗洞边小墙垛与结构墙(柱)相接时,应采用素混凝土与结构墙(柱)整浇。

5. 除特殊注明外,梁均居轴线中或与墙边、柱边、轴线边齐平,未注明的梁顶同板顶持平。

6. 图中未定位的构造柱均沿轴线居中或沿墙长居中。构造柱除图中注明外,其余构造柱按总说明要求设置。

7. 板面预留孔洞配合相关专业图纸施工。烟道位于厨房外时、卫生间立管位于卫生间外时、热水器位于厨房外时,应在梁上设预留洞;当空调孔洞穿梁时,应在合理位置预埋套管。

×××市建筑设计研究院	审定人		校对人		工程名称	多层住宅楼	图纸名称	五～六层梁平法施工图	工程编号		阶段	施工图
	审核人		设计负责人								日期	
	项目负责人		设计人		项目名称	×××小区	图号	结施09			比例	1:100

35

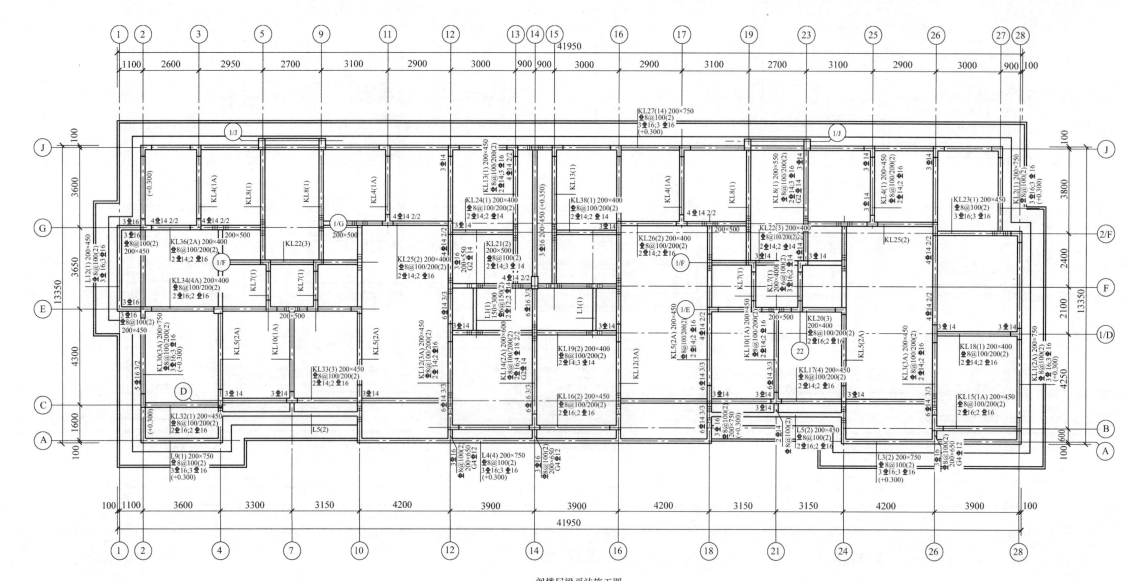

阁楼层梁平法施工图 1:100

屋面	屋面标高		
阁楼	19.150		C25
6	15.950	3.200	C25
5	12.750	3.200	C25
4	9.550	3.200	C25
3	6.350	3.200	C30
2	3.150	3.200	C30
1	-0.050	3.200	C30
-1	-5.500	5.550	C35
层号	标高/m	层高/m	梁板混凝土强度

结构楼层表

设计说明:
1. 主(次)梁相交处均在主梁上。次梁位置两侧各附加3ϕd@50mm(d为主梁箍筋直径)箍筋。
2. 电梯井处每间隔2~2.5m设置一道200mm×240mm圈梁,配筋为4ϕ12、ϕ6@200mm。电梯门框两侧设置200mm×200mm构造柱,配筋为4ϕ12、ϕ6@200mm。
3. 砌体墙中门窗洞口顶距结构梁(或板)底小于过梁高度时,梁下做混凝土吊板与结构梁整浇,做法详见结构设计总说明第十条。
4. 长度≤100mm的门窗洞边小墙垛与结构墙(柱)相接时,应采用素混凝土与结构墙(柱)整浇。

5. 除特殊注明外,梁均居轴线中或与墙边、柱边、轴线边齐平,未注明的梁顶同板顶持平。
6. 图中未定位的构造柱均轴线居中或沿墙长居中。构造柱除图中注明外,其余构造柱按总说明要求设置。
7. 板面预留孔洞配合相关专业图纸施工。烟道位于厨房外时、卫生间立管位于卫生间外时、热水器位于厨房外时,应在梁上设预留洞;当空调孔洞穿梁时,应在合理位置预埋套管。

×××市建筑设计研究院	审定人		校对人		工程名称	多层住宅楼	图纸名称	阁楼层梁平法施工图	工程编号		阶段	施工图
	审核人		设计负责人								日期	
	项目负责人		设计人		项目名称	×××小区			图号	结施10	比例	1:100

36

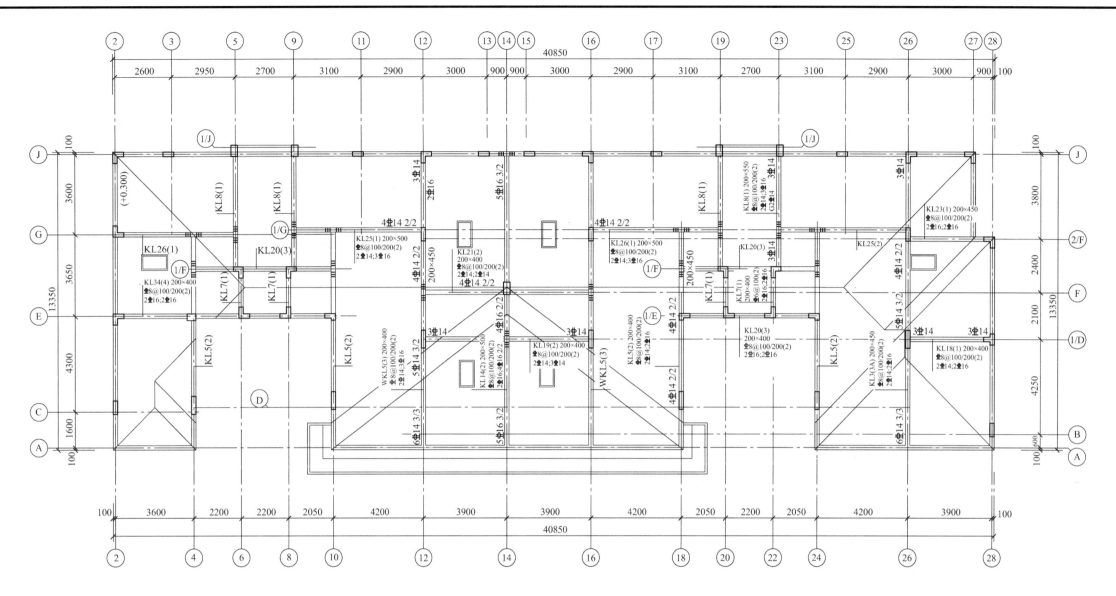

屋顶层梁平法施工图 1:100

结构楼层表

屋面	屋面标高		
阁楼	19.150		C25
			C25
6	15.950	3.200	C25
5	12.750	3.200	C25
4	9.550	3.200	C25
3	6.350	3.200	C25
			C30
2	3.150	3.200	C30
			C30
1	-0.050	3.200	C30
			C35
-1	-5.500	5.550	C35
层号	标高/m	层高/m	墙柱及楼梯 混凝土强度 梁板混凝土强度

设计说明：

1. 主（次）梁相交处均在主梁上。次梁位置两侧各附加 3⌀d@50（d 为主梁箍筋直径）箍筋。
2. 砌体墙中门窗洞口顶距结构梁（或板）底小于过梁高度时，梁下做混凝土吊板与结构梁整浇，做法详见结构设计总说明。
3. 长度≤100mm 的门窗洞边小墙垛与结构墙（柱）相接时，应采用素混凝土与结构墙（柱）整浇。
4. 本层结构未注明的梁顶标高同现浇坡屋面板面。屋面板标高详见建筑施工图。
5. 除特殊注明外，梁均居轴线中或与墙边、柱边、轴线边齐平，未注明梁顶同板顶持平。

×××市建筑 设计研究院	审定人		校对人		工程名称	多层住宅楼	图纸 名称	屋顶层梁平法 施工图	工程编号		阶段	施工图
	审核人		设计负责人								日期	
	项目负责人		设计人		项目名称	×××小区			图号	结施11	比例	1:100

37

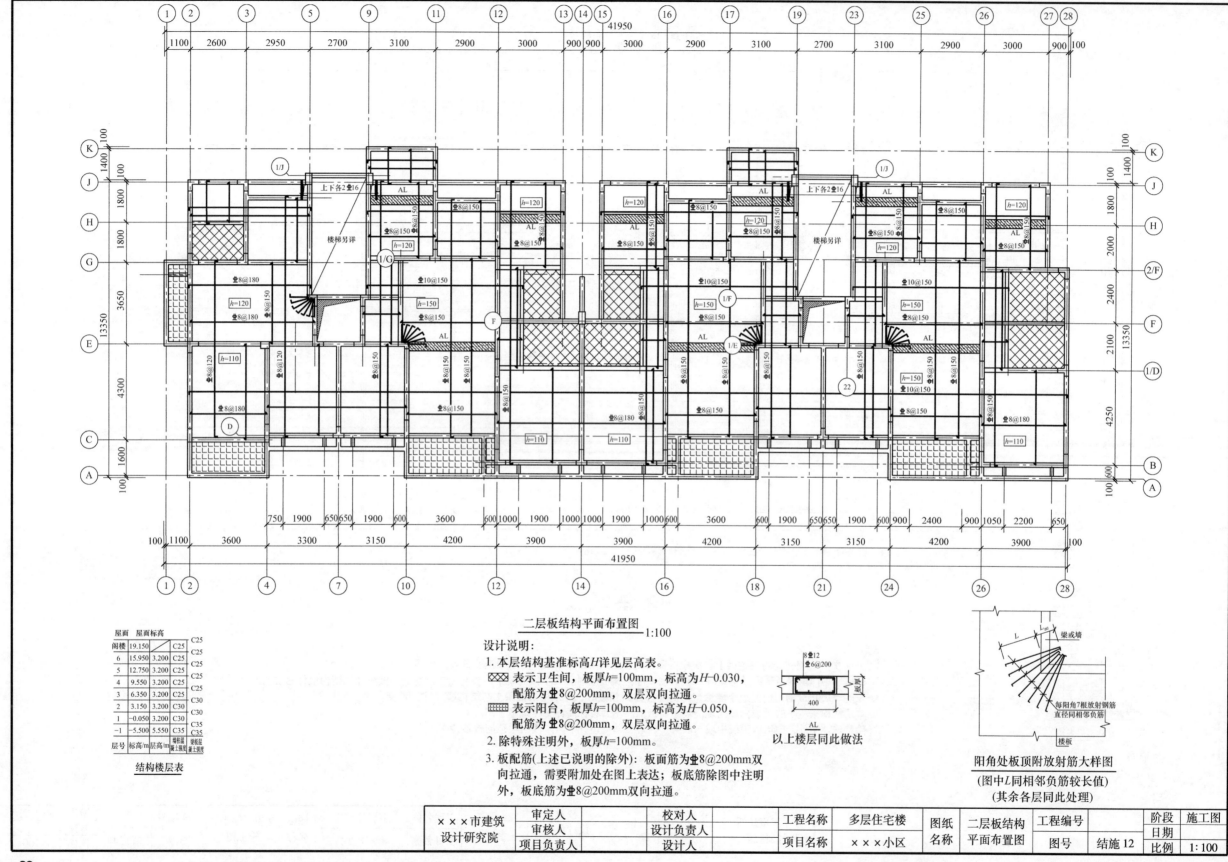

二层板结构平面布置图 1:100

设计说明：

1. 本层结构基准标高H详见层高表。

　　▨ 表示卫生间，板厚h=100mm，标高为H-0.030，
　　配筋为Φ8@200mm，双层双向拉通。

　　▧ 表示阳台，板厚h=100mm，标高为H-0.050，
　　配筋为Φ8@200mm，双层双向拉通。

2. 除特殊注明外，板厚h=100mm。

3. 板配筋(上述已说明的除外)：板面筋为Φ8@200mm双
　向拉通，需要附加处在图上表达；板底筋除图中注明
　外，板底筋为Φ8@200mm双向拉通。

结构楼层表

屋面	屋面标高		C25
阁楼	19.150		C25
6	15.950	3.200	C25
5	12.750	3.200	C25
4	9.550	3.200	C25
3	6.350	3.200	C30
2	3.150	3.200	C30
1	-0.050	3.200	C30
-1	-5.500	5.550	C35
层号	标高/m	层高/m	墙柱混凝土强度/梁板混凝土强度

AL
以上楼层同此做法

阳角处板顶附放射筋大样图
(图中L同相邻负筋较长值)
(其余各层同此处理)

每阳角7根放射钢筋
直径同相邻负筋

×××市建筑	审定人		校对人		工程名称	多层住宅楼	图纸	二层板结构	工程编号		阶段	施工图
设计研究院	审核人		设计负责人				名称	平面布置图			日期	
	项目负责人		设计人		项目名称	×××小区			图号	结施12	比例	1:100

38

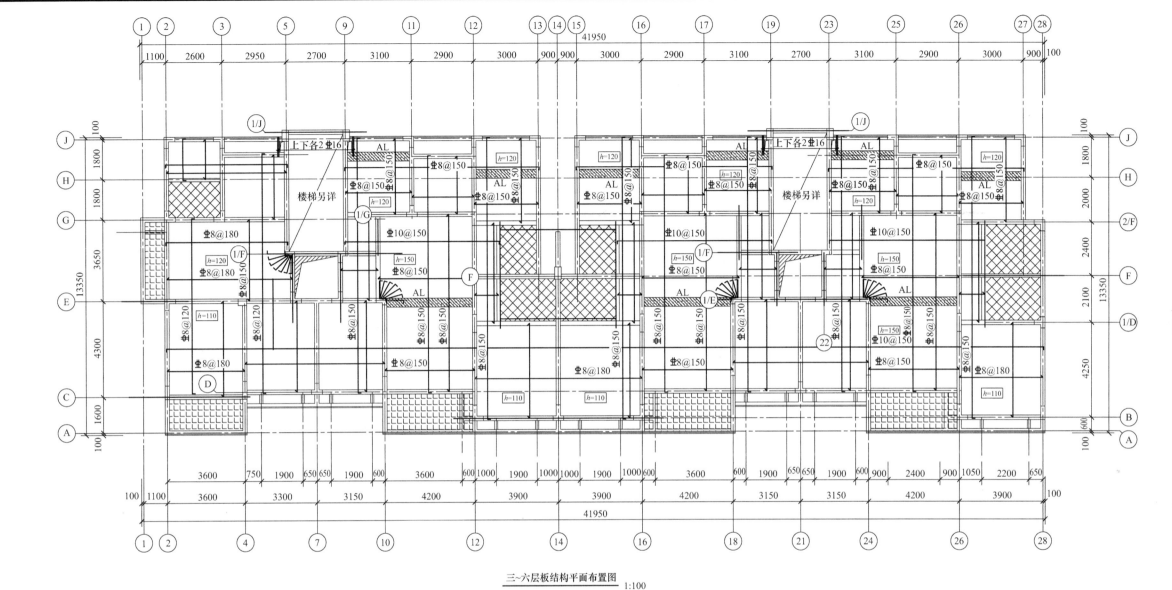

三～六层板结构平面布置图 1:100

屋面	屋面标高		
阁楼	19.150		C25
6	15.950	3.200	C25
5	12.750	3.200	C25
4	9.550	3.200	C25
3	6.350	3.200	C25
2	3.150	3.200	C30
1	-0.050	3.200	C30
-1	-5.500	5.550	C35
层号	标高/m	层高/m	墙柱混凝土强度 板混凝土强度

结构楼层表

设计说明:
1. 本层结构基准标高H详见层高表。
   ▨▨ 表示卫生间, 板厚h=100mm, 标高为H-0.030,
   配筋为Φ8@200mm, 双层双向拉通。
   ▤▤ 表示阳台, 板厚h=100mm, 标高为H-0.050,
   配筋为Φ8@200mm, 双层双向拉通。
2. 除特殊注明外, 板厚h=100mm。
3. 板配筋(上述已说明的除外): 板面筋为Φ8@200mm双
   向拉通, 需要附加处在图上表达; 板底筋除图中注明
   外, 板底筋为Φ8@200mm双层双向拉通。

×××市建筑 设计研究院	审定人		校对人		工程名称	多层住宅楼	图纸 名称	三～六层板结 构平面布置图	工程编号		阶段	施工图
	审核人		设计负责人								日期	
	项目负责人		设计人		项目名称	×××小区			图号	结施13	比例	1:100

39

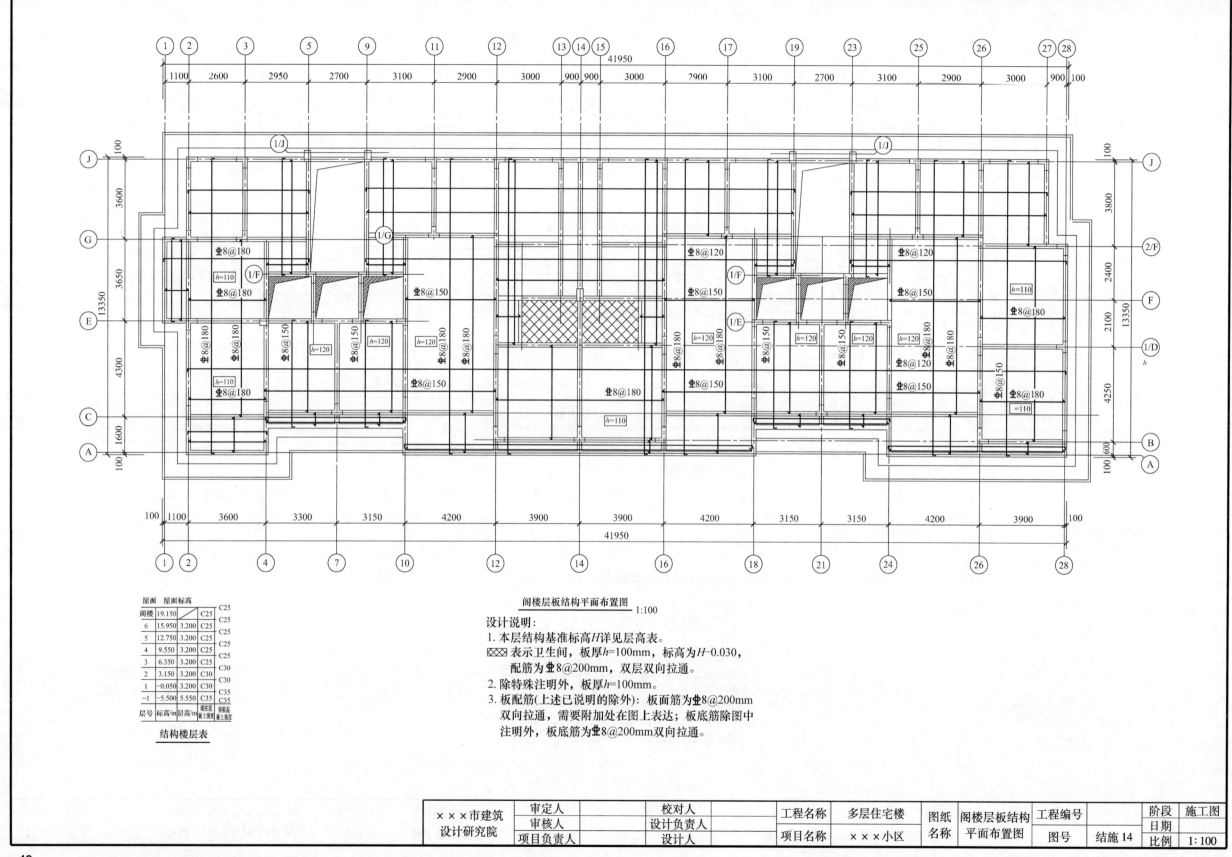

阁楼层板结构平面布置图
1:100

设计说明:
1. 本层结构基准标高H详见层高表。
▨ 表示卫生间，板厚h=100mm，标高为H−0.030，
配筋为Φ8@200mm，双层双向拉通。
2. 除特殊注明外，板厚h=100mm。
3. 板配筋(上述已说明的除外)：板面筋为Φ8@200mm
双向拉通，需要附加处在图上表达；板底筋除图中
注明外，板底筋为Φ8@200mm双向拉通。

屋面 屋面标高

层号	标高/m	层高/m	墙柱混凝土强度	梁板混凝土强度
阁楼	19.150		C25	C25
6	15.950	3.200	C25	C25
5	12.750	3.200	C25	C25
4	9.550	3.200	C25	C25
3	6.350	3.200	C25	C25
2	3.150	3.200	C30	C30
1	−0.050	3.200	C30	C30
−1	−5.500	5.550	C35	C35

结构楼层表

×××市建筑设计研究院	审定人		校对人		工程名称	多层住宅楼	图纸名称	阁楼层板结构平面布置图	工程编号		阶段	施工图
	审核人		设计负责人						图号	结施14	日期	
	项目负责人		设计人		项目名称	×××小区					比例	1:100

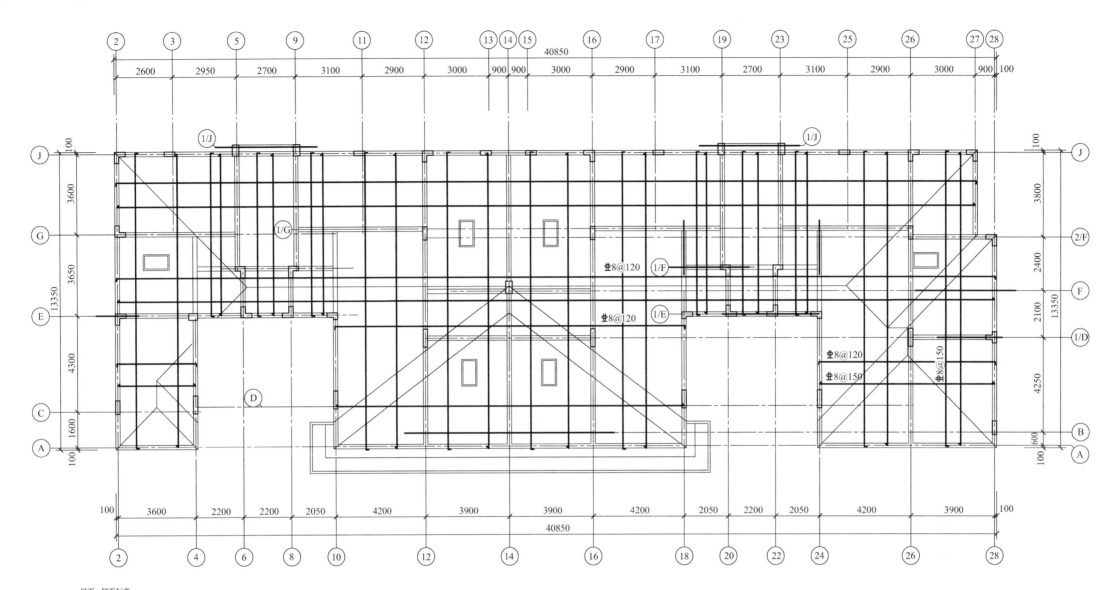

屋顶层板结构平面布置图 1:100

屋面	屋面标高		
阁楼	19.150		C25
6	15.950	3.200	C25
5	12.750	3.200	C25
4	9.550	3.200	C25
3	6.350	3.200	C25
2	3.150	3.200	C30
1	-0.050	3.200	C30
-1	-5.500	5.550	C35
层号	标高/m	层高/m	墙柱混凝土强度 楼板混凝土强度

结构楼层表

设计说明:
1. 本层结构未注明的梁顶标高同现浇坡屋面板面。屋面板标高详见建筑施工图。
2. 除特殊注明外,板厚h=120mm。
3. 板配筋(上述已说明的除外):板面筋为Φ8@150mm双向拉通,需要附加处在图上表达;
   板底筋除图中注明外,板底筋为Φ8@150mm双向拉通。

×××市建筑 设计研究院	审定人		校对人		工程名称	多层住宅楼	图纸 名称	屋顶层板结构 平面布置图	工程编号		阶段	施工图
	审核人		设计负责人						日期		
	项目负责人		设计人		项目名称	×××小区			图号	结施15	比例	1:100

41

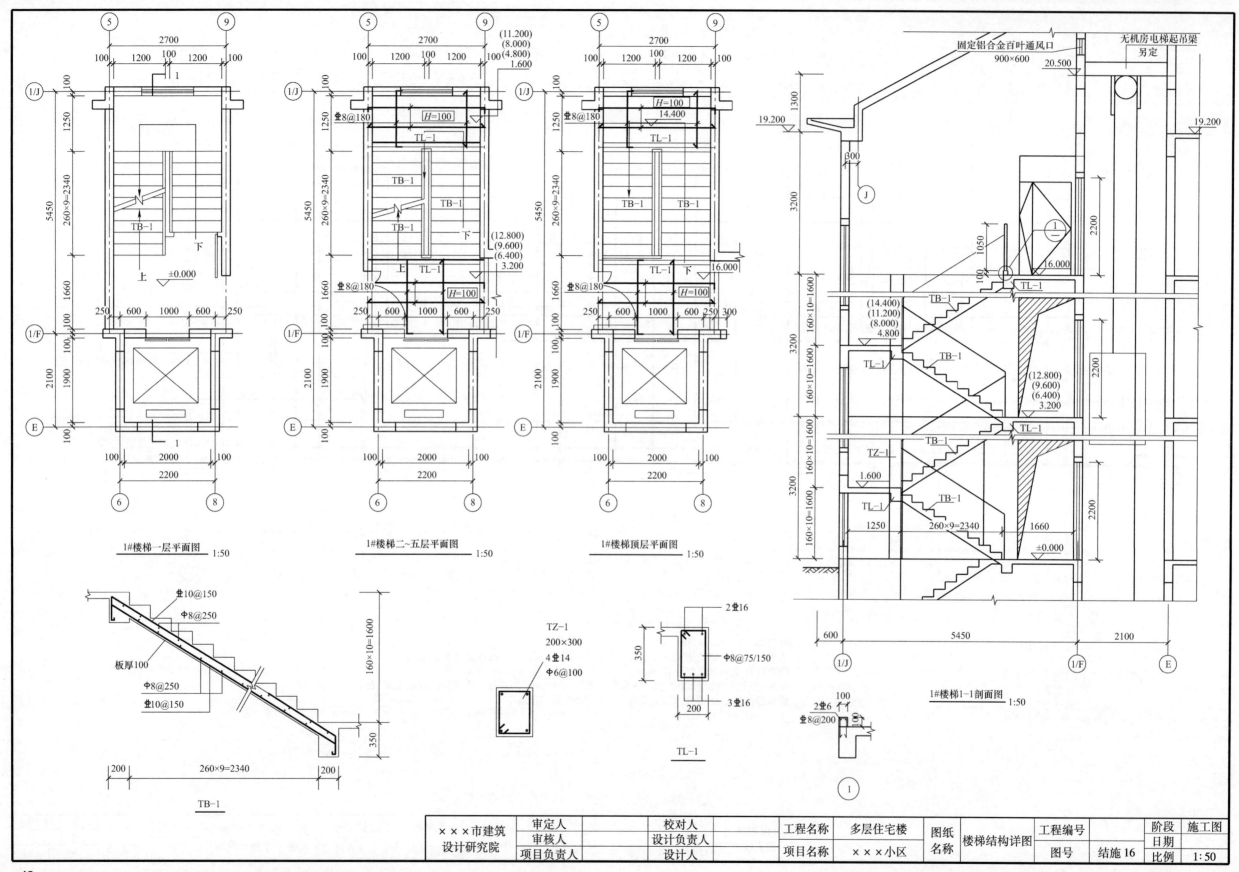

1#楼梯一层平面图 1:50

1#楼梯二~五层平面图 1:50

1#楼梯顶层平面图 1:50

TB-1

TZ-1
200×300
4Φ14
Φ6@100

TL-1

1#楼梯1-1剖面图 1:50

固定铝合金百叶通风口 900×600

无机房电梯起吊梁 另定

×××市建筑 设计研究院	审定人		校对人		工程名称	多层住宅楼	图纸 名称	楼梯结构详图	工程编号		阶段	施工图
	审核人		设计负责人						图号	结施16	日期	
	项目负责人		设计人		项目名称	×××小区					比例	1:50

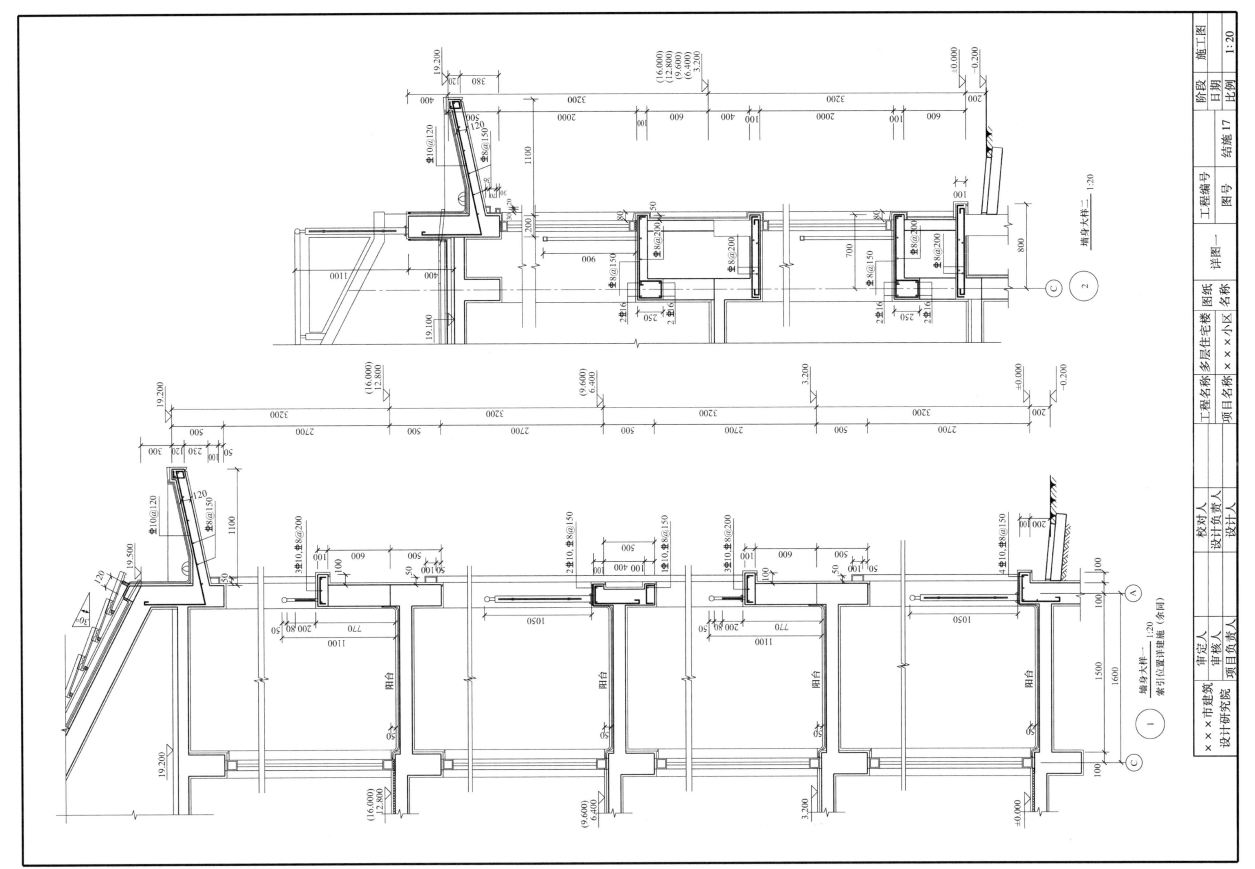

墙身大样二 1:20

② ②

墙身大样一 1:20
索引位置详建施(余同)
① ①

阳台 阳台 阳台 阳台

43

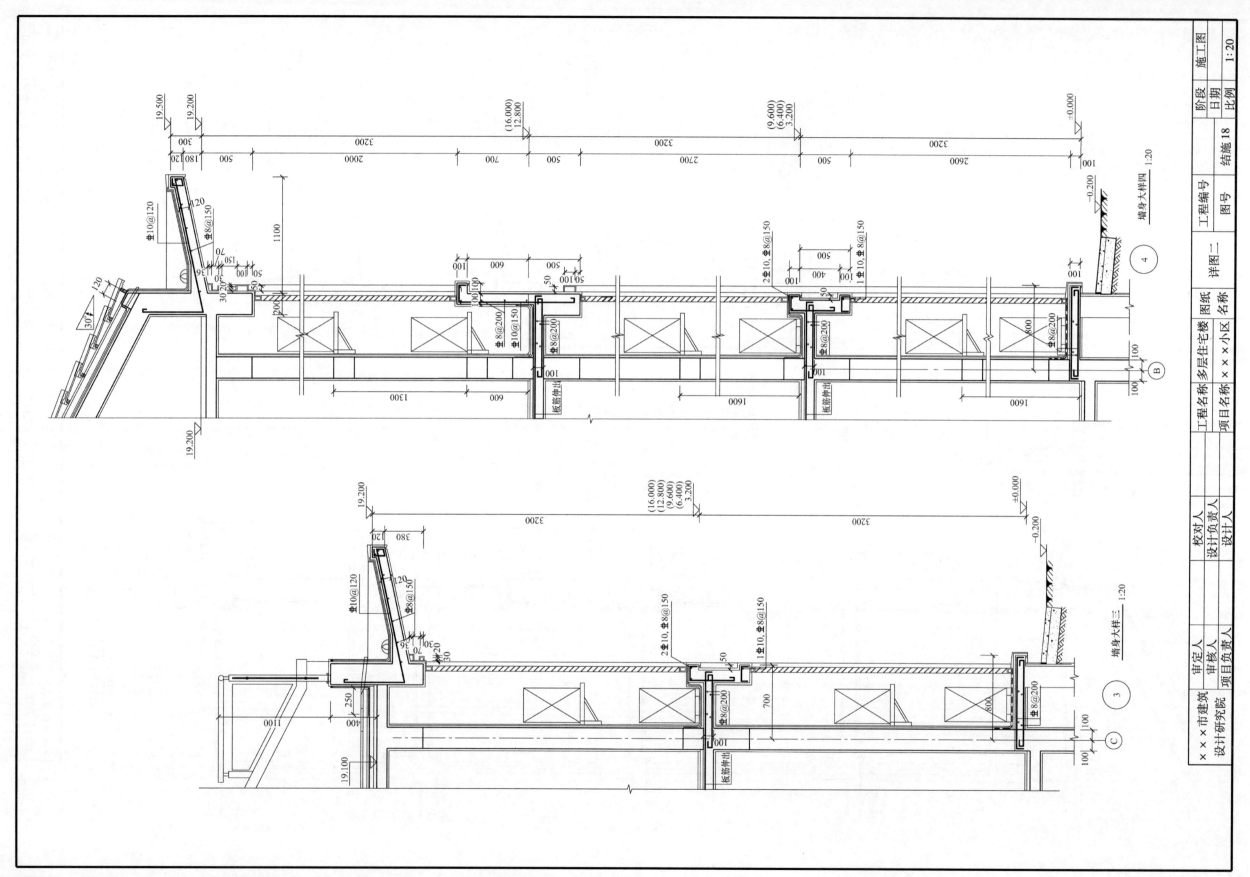

墙身大样四 1:20

墙身大样三 1:20

44

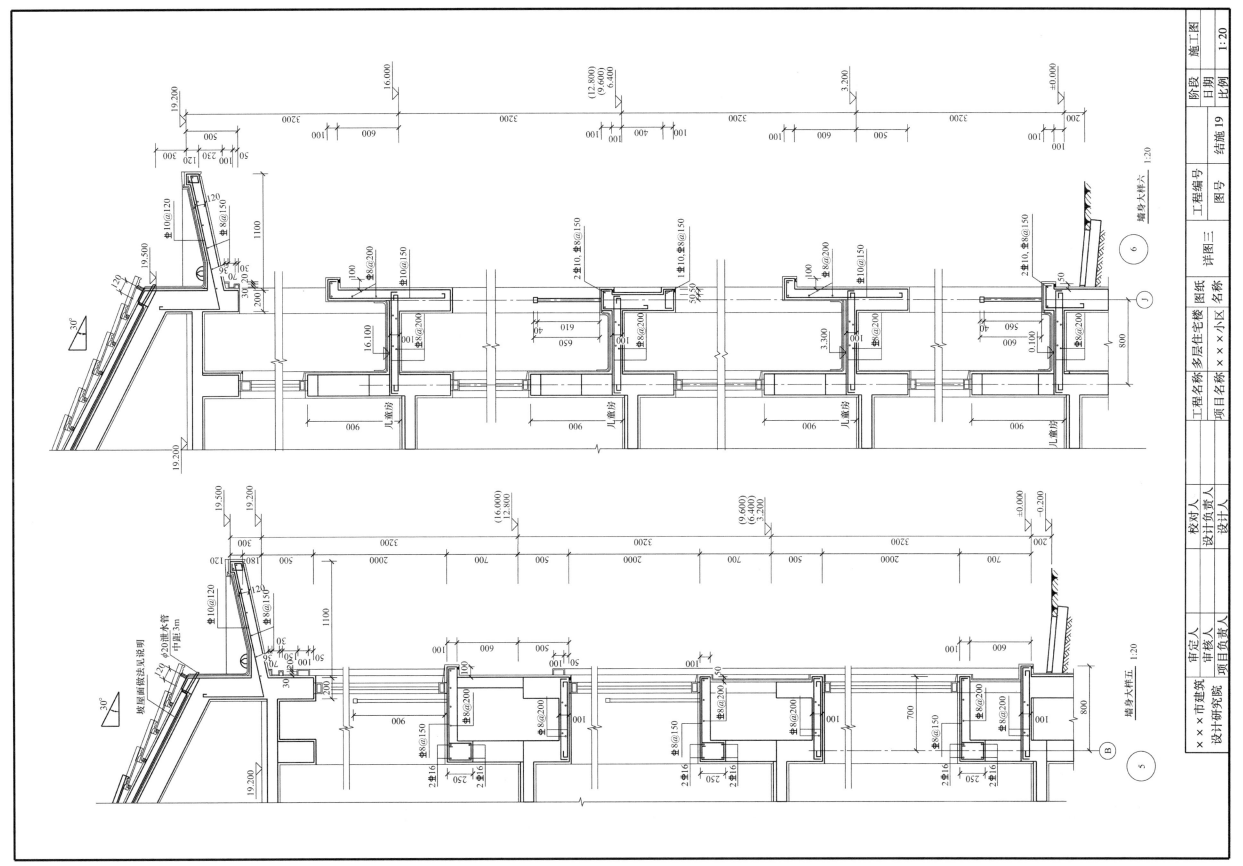

墙身大样六 1:20

墙身大样五 1:20

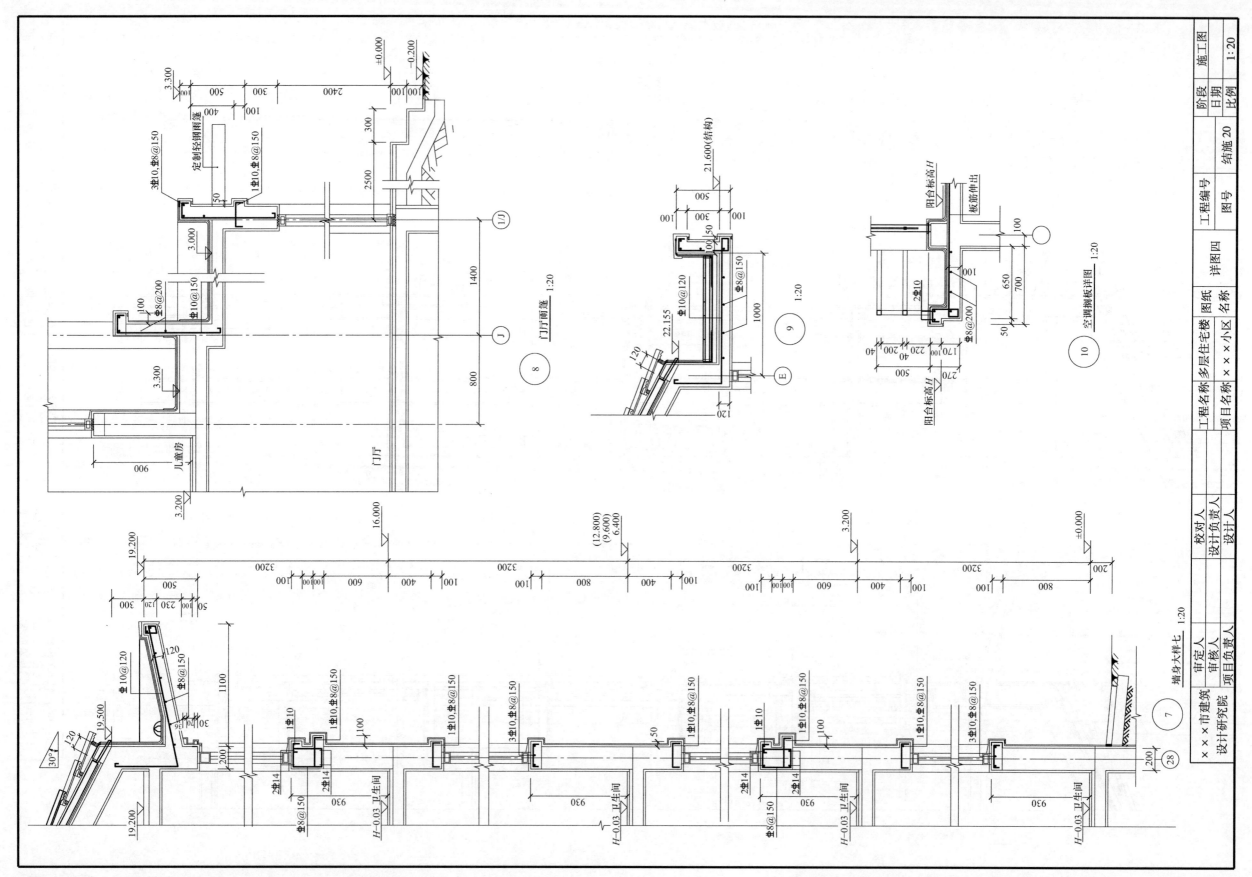

墙身大样七 1:20

门厅雨篷 1:20

空调搁板详图 1:20

2.3 多层住宅楼识图习题

2.3.1 建筑施工图识图习题

1. 本工程建筑高度为（　　）m。
   A. 20.950　　　　B. 19.400　　　　C. 22.700　　　　D. 19.200

2. 卫生间大样图出图比例为（　　）。
   A. 1:150　　　　B. 1:100　　　　C. 1:50　　　　D. 1:20

3. 本工程三层的层高为（　　）m。
   A. 3.2　　　　B. 3.0　　　　C. 2.8　　　　D. 2.7

4. 本工程一层内隔墙中，未注明的隔墙厚度均为（　　）mm。
   A. 100　　　　B. 240　　　　C. 120、240　　　　D. 100、200

5. 一层至二层共有（　　）级踏步。
   A. 10　　　　B. 20　　　　C. 8　　　　D. 16

6. 平屋面做法中防水层共有（　　）道。
   A. 1　　　　B. 2　　　　C. 3　　　　D. 4

7. 本工程的 ±0.000 标高相当于黄海标高（　　）m。
   A. 0.000　　　　B. −0.200　　　　C. 52.100　　　　D. 52.300

8. 本工程疏散走道两侧的隔墙的耐火极限不应低于（　　）。
   A. 3.0h　　　　B. 2.0h　　　　C. 1.0h　　　　D. 0.5h

9. 本工程管线沿墙通长敷设时应用（　　）封填密实。（多选）
   A. 细石混凝土　　　B. 密封膏　　　C. 防火岩棉　　　D. 水泥砂浆

10. 本工程客厅空调机预留孔，孔洞的中心距离地面高度为（　　）mm。
    A. 220　　　　B. 2200　　　　C. 257.5　　　　D. 295

11. 楼梯间低窗防护栏杆净距不能大于（　　）mm。
    A. 900　　　　B. 500　　　　C. 110　　　　D. 70

12. 本工程散水宽度为（　　）mm。
    A. 600　　　　B. 700　　　　C. 800　　　　D. 1000

13. 门厅处屋面标高为（　　）m。
    A. 2.950　　　　B. 3.000　　　　C. 3.050　　　　D. 3.300

14. 卫生间完成面的排水坡度为（　　）。
    A. 3.0%　　　　B. 2.0%　　　　C. 1.0%　　　　D. 0.5%

15. 本工程外墙保温层的材料为（　　）。
    A. 无机轻集料保温砂浆　　　　B. 挤塑聚苯板
    C. 岩棉　　　　D. 矿棉

16. 临空栏杆处楼地面、平台及屋面的翻边高度均为（　　）mm。
    A. 100　　　　B. 150　　　　C. 200　　　　D. 250

17. 卫生间地面采用的防水材料为（　　）。
    A. 水泥砂浆　　　　B. 聚氨酯防水涂料
    C. 水泥基渗透结晶型防水涂料　　　　D. 聚合物水泥基防水涂料

18. 本工程疏散楼梯梯段净宽不应小于（　　）m。
    A. 1.000　　　　B. 1.050　　　　C. 1.100　　　　D. 1.200

19. 本工程体形系数设计值为（　　）。
    A. 0.32　　　　B. 0.35　　　　C. 0.4　　　　D. 0.5

20. 本工程坡道坡度为（　　）。
    A. 1:12　　　　B. 1:10　　　　C. 1:9　　　　D. 1:8

21. "建施21"图纸中 7 号节点详图索引自（　　）。
    A. 建施01　　　　B. 建施03　　　　C. 建施11　　　　D. 建施12

22. 本工程消防高度为（　　）m。
    A. 20.950　　　　B. 19.400　　　　C. 22.700　　　　D. 19.200

23. 电缆井、管道井井壁上设检修门时应为（　　）。
    A. 甲级防火门　　　B. 乙级防火门　　　C. 丙级防火门　　　D. 防盗保温门

24. 本工程坡屋面保温材料的燃烧等级为（　　）。
    A. A　　　　B. B1　　　　C. B2　　　　D. B3

25. 本工程住宅与地下车库共用楼梯间，其地上与地下部分的隔墙采用（　　）砌筑。
    A. 加气混凝土砌块　　B. 页岩实心砖　　C. 页岩多孔砖砌块　　D. 煤矸石空心砖

26. 外墙的墙体材料为（　　）。
    A. 页岩多孔砖　　　B. EPS 保温板　　　C. 炉渣空心砖　　　D. 钢筋混凝土

27. 本工程的 Ⓙ ~ Ⓐ 轴立面为（　　）。
    A. 东立面　　　B. 南立面　　　C. 西立面　　　D. 北立面

28. 台阶的构造中，混凝土垫层厚度为（　　）mm。
    A. 60　　　　B. 80　　　　C. 100　　　　D. 不确定

29. 楼梯顶层平台水平段护栏防护高度为（　　）mm。

A. 1050 　　B. 1150 　　C. 1200 　　D. 900

30. 本工程 M0821 有（　　）个。

A. 8 　　B. 40 　　C. 32 　　D. 48

31. 本工程耐火等级为（　　）。

A. 一级 　　B. 二级 　　C. 三级 　　D. 四级

32. 本工程选用的外墙保温材料为（　　）。

A. 挤塑聚苯板 　B. 膨胀聚苯板 　C. 无机轻集料保温砂浆 　D. 海泡石保温砂浆

33. 楼梯踏面宽度为（　　）mm。

A. 175 　　B. 260 　　C. 1340 　　D. 2190

34. 本工程单元门的高度为（　　）mm。

A. 1500 　　B. 1800 　　C. 2100 　　D. 2400

35. 本工程 1#楼梯二层至三层中间休息平台的标高为（　　）m。

A. 4.800 　　B. 7.000 　　C. 5.600 　　D. 8.400

36. 楼梯间地面与本层地面（建筑完成面）的高差为（　　）mm。

A. 0 　　B. 50 　　C. 30 　　D. 20

37. 本工程客厅出阳台的门的高度为（　　）mm。

A. 2700 　　B. 2800 　　C. 2000 　　D. 2200

38. 本工程 C0912 的窗台高度为（　　）mm。

A. 300 　　B. 500 　　C. 900 　　D. 1000

39. 本工程坡屋面做法中防水层共有（　　）道。

A. 4 　　B. 3 　　C. 2 　　D. 1

40. 本工程露台的排水坡度为（　　）。

A. 5% 　　B. 2% 　　C. 1% 　　D. 0.5%

2.3.2 结构施工图识图习题

1. 本工程住宅建筑抗震设防类别为（　　）类。

A. 甲 　　B. 乙 　　C. 丙 　　D. 丁

2. 本工程住宅的框架抗震等级为（　　）级。

A. 一 　　B. 二 　　C. 三 　　D. 四

3. 本工程的基本雪压为（　　）kN/m²。

A. 0.35 　　B. 0.55 　　C. 2.5 　　D. 2.0

4. 以下构件的环境类别不属于二 a 的是（　　）。

A. 卫生间 　　B. 室外 　　C. 一层客厅 　　D. 厨房

5. 本工程四层填充墙选用材料为（　　）。

A. MU20 混凝土实心砖、M10.0 水泥砂浆 　　B. MU10 页岩多孔砖、M5.0 水泥砂浆

C. MU10 页岩多孔砖、M7.5 水泥砂浆 　　D. MU20 混凝土实心砖、M5.0 水泥砂浆

6. 以下关于钢筋接头的叙述，有误的是（　　）。

A. 接头位置宜设置在受力较小处

B. 当受力钢筋直径为 25mm 时，可采用绑扎连接

C. 当采用机械连接或焊接时，纵向受拉钢筋接头面积百分率不应大于 50%

D. 当采用机械连接或焊接时，纵向受压钢筋接头面积百分率不应大于 50%

7. 板短向跨度大于 4000mm 时应起拱，起拱高度为短跨长度的（　　）。

A. 0.15% ~0.2% 　B. 0.2% ~0.3% 　C. 0.3% ~0.35% 　D. 0.35% ~0.4%

8. 本工程有关钢筋混凝土梁的说法中错误的是（　　）。

A. 梁、柱偏心距大于该方向柱宽的 1/4 时，梁应做加腋处理

B. 除特殊注明外，所有主（次）梁交接的地方，在次梁内均设附加箍筋，每边 3 根，直径同梁箍筋，吊筋为 2Φ14

C. 折角处梁附加箍筋的直径、肢数同梁箍筋，且在折角处附加箍筋每侧为 5 根，间距为 50mm

D. 主（次）梁相交处（梁顶为同一标高时），次梁的正（负）纵向筋均应分别放在主梁正（负）纵向筋之上

9. 本工程关于板上开洞的叙述有误的是（　　）。

A. 当孔洞尺寸小于 300mm 时，洞边不再另加钢筋，板筋由洞边绕过，不得截断

B. 当孔洞尺寸 300mm < b (D) ≤1000mm 时，洞口加筋在图中无具体注明的，按结构设计总说明中的图施工，洞口加筋沿短跨通长

C. 洞口每边加设的钢筋，上下各 2Φ12 且面积不得小于同方向被截断钢筋面积的 1/3

D. 圆形洞口周边应设 2Φ12 环状钢筋

10. 本工程上人屋面的设计活荷载为（　　）kN/m²。

A. 2.0 　　B. 2.5 　　C. 3.0 　　D. 3.5

11. 二层板结构平面布置图中，板厚有以下几种（　　）。

A. 100mm、110mm 　　B. 110mm、120mm、150mm

C. 100mm、110mm、120mm 　　D. 100mm、110mm、120mm、150mm

12. 二层梁平法施工图中，L11 在⑪轴交②轴处，下部钢筋锚入支座的长度为（　　）mm。

A. 168 　　B. 180 　　C. 196 　　D. 210

13. 本工程二层窗户 C1518 窗洞口顶部的过梁梁高应选（　　）mm。

A. 150 　　B. 180 　　C. 240 　　D. 300

14. 本工程阁楼层板顶的结构标高为（　　）。

A. 19.100m　　　　B. 19.150m　　　　C. 19.200m　　　　D. 20.500m

15. 下列说法错误的是（　　）。

A. 受拉钢筋直径 >25mm 时，不宜采用绑扎搭接

B. 受压钢筋直径 <25mm 时，不宜采用绑扎搭接

C. 同一连接区段内的受拉钢筋搭接接头面积百分率，对梁类、板类及墙类不小于25%

D. 同一连接区段内的受拉钢筋搭接接头面积百分率，对柱类构件不小于50%

16. 本工程上部结构嵌固部位是（　　）。

A. 一层底板　　　B. 地下室底板　　　C. 地下室顶板　　　D. ±0.000 处

17. 下列说法正确的是（　　）。

A. 填充墙不砌至梁（板）底时，墙顶必须增设两道通长圈梁。圈梁高 200mm，宽同墙宽，配筋为 4⏚12，⏚6@200mm

B. 墙应在主体结构施工完毕后，由下而上砌筑，防止下层梁承受上层梁以上的荷载

C. 填充墙与混凝土构件周边接缝处及施工通道周边，在粉刷前应固定设置镀锌钢丝网，沿界面缝边两侧每边不小于 250mm

D. 墙体开设管线槽时应使用开槽机，严禁敲击成槽。管线埋设后，小孔和小槽用水泥砂浆填补，大孔和大槽用细石混凝土填满

18. 二层梁平法施工图中，Ⓚ轴交②～③轴的 KL37 的箍筋数量为（　　）。

A. 16　　　　B. 17　　　　C. 18　　　　D. 19

19. 二层梁平法施工图中，KL8（1）侧向纵筋为（　　）。

A. 每侧配有 1⏚12 的抗扭筋　　　　B. 每侧配有 1⏚12 的构造筋

C. 每侧配有 2⏚12 的构造筋　　　　D. 每侧配有 2⏚12 的抗扭筋

20. 本工程顶层柱的混凝土强度等级为（　　）。

A. C30　　　　B. C25　　　　C. C20　　　　D. 图中未明确

21. 三～四层梁平法施工图中 KL5（1A）的顶部纵筋在④轴交Ⓒ轴处的水平锚固长度至少为（　　）mm。

A. 224　　　　B. 256　　　　C. 560　　　　D. 640

22. 三～四层梁平法施工图中，KL6（1）的跨中箍筋为（　　）。

A. ⏚6@100（2）　　B. ⏚6@200（2）　　C. ⏚8@100（2）　　D. ⏚8@200（2）

23. 三～四层梁平法施工图中 KL28 底筋锚入中间支座的长度为（　　）mm。

A. 330　　　　B. 500　　　　C. 560　　　　D. 640

24. "结施16"图纸中 TB-1 为（　　）。

A. 两边支承板　　B. 三边支承板　　C. 四边支承板　　D. 单边支承板

25. 框架梁梁端设置的第一道箍筋到柱边缘的距离为（　　）。

A. 50mm　　　　B. 1 倍箍筋间距　　C. 100mm　　　D. 0.5 倍箍筋间距

26. 二层卫生间板面结构标高为（　　）m。

A. 3.150　　　　B. 3.120　　　　C. 3.100　　　　D. 3.000

27. 五～六层梁平法施工图中，关于 KL16 说法错误的是（　　）。

A. 该梁为一端悬挑　　　　　　　B. 梁混凝土强度等级为 C25

C. 梁顶贯通筋为 2⏚14　　　　　　D. 梁底筋均为 2⏚16

28. 一～六层墙、柱平面定位图中，有关 KZ1 说法错误的是（　　）。

A. 该柱为异形柱　　　　　　　　B. 柱纵筋均为⏚16

C. 柱均有箍筋加密区和非加密区　　D. 柱箍筋均为⏚8

29. 一～六层墙、柱平面定位图中，③轴交Ⓙ轴的 KZ1 的底部加密区长度为（　　）mm。

A. 459　　　　B. 533　　　　C. 917　　　　D. 1066

30. 阁楼层梁平法施工图中，关于 KL12 说法错误的是（　　）。

A. 该梁为一端悬挑　　　　　　B. 梁截面为 240mm×450mm

C. 梁顶贯通筋为 2⏚14　　　　　D. 梁底筋均为⏚16

31. 阁楼层梁平法施工图中，KL27 的（+0.300）表示（　　）。

A. 该梁梁顶标高为 0.300m　　　　B. 该梁梁底标高为 0.300m

C. 该梁梁顶标高比本层楼面标高高 0.300m　　D. 该梁梁底标高比本层楼面标高高 0.300m

32. 本工程 KZ5 的纵筋拟在某一楼层中部采用焊接连接，相邻纵筋的焊点间距不应小于（　　）mm。

A. 0　　　　B. 500　　　　C. 560　　　　D. 630

33. 本工程⑫轴交Ⓒ轴处的框架柱，在柱顶处的纵筋的锚固方式应为（　　）。

A. 向外弯折，弯钩长度不小于 192mm　　B. 向内弯折，弯钩长度不小于 192mm

C. 向外弯折，弯钩长度不小于 240mm　　D. 向内弯折，弯钩长度不小于 240mm

34. 关于本工程的 1# 楼梯，说法错误的是（　　）。

A. 地上部分的梯板均为 AT 型　　　　B. 地上部分底板厚度均为 100mm

C. 梯板的受力钢筋为⏚10@150mm　　　D. 梯板分布钢筋配筋未注明

35. 五～六层梁平法施工图中，KL5 在①/Ⓔ轴处的横截面应为（　　）。

A.　　　　　　　　　　　　　　B.

49

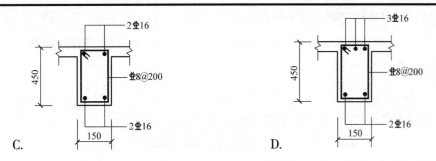

C.

D.

36. 三~四层梁平法施工图中，KL12 在①轴处的第一排支座附加筋伸出支座边的长度 a 为（　　）mm。

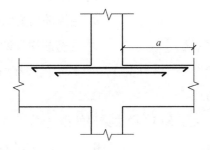

A. 1084　　　　　　B. 1000　　　　　　C. 813　　　　　　D. 1334

37. 三~六层板结构平面布置图中，板的配筋布置有（　　）种。

A. 2　　　　　　B. 3　　　　　　C. 4　　　　　　D. 5

38. 板带在端支座处的下部钢筋锚入支座的长度为（　　）。

A. $0.35L_{ab}$　　　　B. $0.6L_{abE}$　　　　C. $12d$ 且至少到梁中心线　　　D. 到梁中心线

39. 下列说法正确的是（　　）。

A. 双向板的底部钢筋：短跨钢筋置上排，长跨钢筋置下排

B. 双向板的上部钢筋：短跨钢筋置下排，长跨钢筋置上排

C. 一般平板内主筋采用绑扎搭接接头。板负筋分布筋的设置：当主筋直径不小于 12mm 时，采用Φ8@200mm；当主筋直径小于 12mm 时，采用Φ6@200mm

D. 当板底与梁底平齐时，板底钢筋伸入梁内须置于梁下部第一排纵向钢筋之下

40. 砌体填充墙内的构造柱一般不在各楼层结构平面图中画出，按以下原则设置（　　）。

A. 构造柱尺寸为墙厚×240mm，内配 4Φ10、Φ6@200mm 钢筋

B. 填充墙端部无翼墙或混凝土柱（墙）时，在端部不设置构造柱

C. 框架柱、混凝土墙边，砖墙垛长度不大于 240mm 时，可采用素混凝土整浇

D. 填充墙长度大于 5m 时，或墙长大于 2 倍层高时，沿墙长度方向每隔 6m 设置一根构造柱

41. 有关本工程所采用钢筋的说法，错误的是（　　）。

A. HPB300 钢筋符号为Φ，HRB400 钢筋符号为Φ

B. 预埋件的锚筋可采用冷加工钢筋

C. 吊钩可采用 HPB300 热处理钢筋

D. 工程实际采用钢筋的强度保证率应达到 97%

项目三 高层办公楼识图

3.1 高层办公楼建筑施工图

一、设计依据

1. 本工程概况
  (1) 本工程抗震设防烈度为 8 度。
  (2) 建筑设计使用年限为 50 年。
  (3) 结构安全等级为二级。
  (4) 屋顶防水等级为一级。
  (5) 结构形式为钢筋混凝土框架结构。

2. 本工程适用的规范
  (1)《房屋建筑制图统一标准》(GB/T 50001—2017)。
  (2)《民用建筑设计统一标准》(GB 50352—2019)。
  (3)《砌体结构设计规范》(GB 50003—2011)。
  (4)《建筑抗震设计规范》(GB 50011—2010)。
  (5)《建筑设计防火规范》(GB 50016—2014)。
  (6)《建筑玻璃应用技术规程》(JGJ 113—2015)。
  (7)《建筑地面设计规范》(GB 50037—2013)。
  (8)《办公建筑设计标准》(JGJ/T 67—2019)。
  (9)《屋面工程技术规范》(GB 50345—2012)。
  (10) 其他现行国家和地方标准。

二、材料的规格及要求

  (1) 煤矸石烧结多孔砖:强度等级为 MU10,规格为 240mm×115mm×90mm。
  (2) 蒸压粉煤灰砖:强度等级为 MU10,规格为 240mm×115mm×53mm,主要用于±0.000 以下墙体的砌筑。
  (3) 水泥:32.5 级普通硅酸盐水泥。
  (4) 砂浆:M5 混合砂浆,M7.5 水泥砂浆。
  (5) 内墙涂料:丙烯酸内墙涂料。
  (6) 玻璃:窗玻璃采用 5mm+10mm+5mm 双层玻璃(玻璃幕墙除外),门玻璃及单片大于 0.5m² 的窗玻璃均采用 5mm 厚钢化安全玻璃。
  (7) 防水材料:SBS 聚酯胎改性沥青防水卷材 4mm 厚,聚氨酯防水涂料。
  (8) 保温材料:屋面采用 70mm 厚聚苯板保温层,外墙采用 50mm 厚岩棉保温层。
  (9) 轻质隔板:采用 90mm 厚增强石膏空心条板。
  (10) 装修详见室内装修。

三、施工要求

  (1) 外围护墙体砌筑时,标高±0.000 以上墙体用 M5 混合砂浆砌筑;标高±0.000 以下墙体用 M7.5 水泥砂浆砌筑,并用 1:2 防水砂浆在墙外面抹 20mm 厚。
  (2) 砌筑门洞口时,须在洞口两侧设 C20 细实混凝土抱框,宽度不小于 120mm,并沿竖向每 400mm 高度设 2Φ6 水平拉结筋。
  (3) 墙身水平防潮层用 1:2 水泥砂浆掺 5%(水泥用量)防水剂厚铺 20mm,设于标高−0.060 处。
  (4) 雨水管:雨水管采用白色 UPVC 管,直径 D=100mm。
  (5) 地面回填土须分层夯实,压实系数应大于等于 0.9。
  (6) 散水:室外散水沿长度方向每隔 6m 做一道伸缩缝。
  (7) 过梁与柱相碰时一起浇捣。
  (8) 外墙外保温做法见《外墙外保温》(05J3−1)中的 F 型做法。龙骨间隙填入岩棉板,岩棉板不小于 50mm 厚,外挂铝板。
  (9) 窗台板:20mm 厚黑色磨光大理石板,做法见 ②/66 05J7−1。
  (10) 装修选用的各项材料的材质、规格、颜色等,均由施工单位提供样板,经业主或设计单位确认后进行封样,并据此验收。
  (11) 地面垫层设纵(横)向伸缩缝,纵缝采用平头缝,间距 3~6m;横缝宜采用假缝,间距 6~12m,假缝宽度为 5~20mm,高度宜为垫层厚度的 1/3,缝内填水泥砂浆。屋面找平层分隔缝每 6m 设一道。
  (12) 本工程内隔墙待管道安装完毕后再砌筑。预留洞大于 300mm 的设过梁;400mm 的洞用砖过梁,内配 3Φ6 钢筋,两端压入砖墙下不小于 500mm。750mm、900mm、1000mm 的洞的过梁见《钢筋混凝土过梁》(03G322−2)中的 GL−4082P、GL−4102P。

  (13) 外装修做法:
  1)外墙表面清理后,用 20mm 厚 1:3 水泥砂浆找平。
  2)刷 1.2mm 厚聚氨酯防水涂料。
  3)按外挂板材高度安装配套的不锈钢龙骨,龙骨间隙填岩棉板,岩棉板厚度不小于 50mm。
  4)外挂铝板接缝宽 5~8mm,用硅酮密封胶填缝(300mm×300mm 以下尺寸外挂 20mm 厚深灰色或黑色毛石)。铝板尺寸:600mm(宽)×900mm(高),蘑菇石尺寸:300mm(宽)×150mm(高)。

  (14) 幕墙工程:
  1)玻璃幕墙的设计、制作和安装应委托给有相应资质的单位,并执行《玻璃幕墙工程技术规范》(JGJ 102—2003)。
  2)本工程的幕墙为铝合金明框玻璃幕墙,立面图仅表示立面形式、分格、开启方向。
  3)幕墙设计单位负责幕墙的具体设计工作,并向建筑设计单位提供预埋件的设置要求。
  4)幕墙玻璃采用 Low−E 安全玻璃。

  (15) 本工程尺寸以毫米计算,标高以米计算,未考虑寒冬季节施工。
  (16) 本工程索引详图的具体要求见相关标准图说明。
  (17) 凡未注明要求的均按现行施工及验收规范要求进行施工。

工程说明

门窗表

编号	名称	标准图号	型号	洞宽/mm	洞高/mm	数量	五金配件	过梁型号	备注
M−1	木平开门	05J4−1	M70−1PM−1021	1000	2100	97	—	GL−4102P	财务办公室加设防盗门
M−2	木平开半玻门	05J4−1	M70A−3PM−1521	1500	2100	10	弹簧合页	GL−4152P	—
M−3	铝合金平开门	05J4−1	L70A−1PM−1524	1500	2400	15	—	雨篷兼过梁 GL−4152P	取消亮子
M−4	木平开百叶门	05J4−1	M70−2PM−0821	800	2100	18	弹簧合页	GL−4082P	—
M−5	木平开百叶门	05J4−1	M70−2PM−1021	1000	2100	2	弹簧合页	GL−4102P	—
M−6	丙级防火门	05J4−2	参考 MFM07−0620	700	2000	13	—	参考 GL−4082P	—
M−7	铝合金组合门					1		结构梁兼过梁	由专业厂家制作、安装;与玻璃幕墙一起安装
M−8	甲级防火门	05J4−2	MFM01−1021(甲)	1000	2100	1	—	GL−4102P	—
M−9	木推拉门	05J4−1	M70−1TM5−0821	800	2100	2	—	GL−4082P	镶艺术磨砂玻璃,业主自定
M−10	乙级防火门	05J4−2	MFM01−1021(乙)	1000	2100	2	—	GL−4102P	—
C−1	断桥铝合金推拉窗	05J4−1	L70K−2TC−1521	1200	2100	90	—	GL−4152P	—
C−2	断桥铝合金推拉窗	05J4−1	—			6	—	过梁见结构图	分格见详图
C−3	断桥铝合金推拉窗	05J4−1	—			24	—	过梁见结构图	分格见详图
C−4	断桥铝合金推拉窗	05J4−1	—			6	—	过梁见结构图	分格见详图
C−5	断桥铝合金推拉窗	05J4−1	—			6	—	过梁见结构图	分格见详图
C−6	断桥铝合金推拉窗	05J4−1	参考 L70K−2TC−0918			6	—	GL−4102P	分格见详图
C−7	断桥铝合金推拉窗	05J4−1	L70K−1TC−1512	1000	1800	6	—	GL−4152P	分格见详图
C−8	断桥铝合金推拉窗	05J4−1	—			10	—	过梁见结构图	分格见详图
C−9	断桥铝合金推拉窗	05J4−1	—			4	—	过梁见结构图	分格见详图
C−10	断桥铝合金推拉窗	05J4−1	—			2	—	过梁见结构图	分格见详图
C−11	铝合金百叶窗	05J10	—	2100	1800	2	—	GL−4212P	详图见 05J10 第 78、79 页
C−12	断桥铝合金推拉窗	05J4−1	—			4	—	过梁见结构图	分格见详图
C−13	断桥铝合金推拉窗	05J4−1	—			16	—	过梁见结构图	分格见详图
C−14	断桥铝合金推拉窗	05J4−1	—			6	—	过梁见结构图	分格见详图
C−15	断桥铝合金推拉窗	05J4−1	—			4	—	过梁见结构图	分格见详图
C−16	断桥铝合金推拉窗	05J4−1	—			2	—	过梁见结构图	分格见详图

采用标准图纸目录

序号	标准图名称	代号	类别
1	工程做法	05J1	河北省标
2	常用门窗	05J4−1	河北省标
3	卫生、洗涤设施	05J12	河北省标
4	楼梯	05J8	河北省标
5	平屋面	05J5−1	河北省标
6	内装修−吊顶	05J7−3	河北省标
7	无障碍设施	05J13	河北省标
8	专用门窗	05J4−1	河北省标
9	内装修−墙面、楼地面	05J7−1	河北省标
10	外墙外保温	05J3−1	河北省标
11	外装修	05J6	河北省标
12	附属建筑	05J10	河北省标
13	轻质内隔墙	05J3−6	河北省标
14	钢筋混凝土过梁	03G322−2	国标
15	钢筋混凝土雨篷建筑构造	03J501−2	国标

设计指标表

名称	占地面积/m²	建筑面积/m²	建筑体积/m³	备注
本工程总计	1557.74	7784.72	—	—

室内装修表

房间名称	地面	楼面	踢脚板	墙面	顶棚	备注
男卫生间、女卫生间	(1) 防滑彩色釉面砖 8~10mm 厚,干水泥擦缝 (2) 1:3 干硬性水泥砂浆结合层 30mm 厚,表面撒水泥粉 (3) 聚氨酯防水层 1.5mm 厚 (4) 1:3 水泥砂浆找坡层,最薄处 20mm 厚,抹平 (5) C10 混凝土垫层 100mm 厚 (6) 300mm 厚炉渣垫层 (7) 夯实土	(1) 防滑彩色釉面砖 8~10mm 厚,干水泥擦缝 (2) 1:3 干硬性水泥砂浆结合层 30mm 厚,表面撒水泥粉 (3) 聚氨酯防水层 1.5mm 厚 (4) 1:3 水泥砂浆找坡层,最薄处 20mm 厚,抹平 (5) 现浇混凝土楼板	—	⑧/40 05J1 釉面砖内墙做法 釉面砖为白色,尺寸为 400mm×400mm 或 300mm×300mm 釉面砖缝宽 5~8mm	⑨/95 05J7−3 PVC吊顶 室内净高 2.600m	(1) 吊顶分格及详细做法由有资质的专业公司进行二次设计 (2) 大理石及吊顶的颜色、规格由业主自定 (3) 伸缩缝在吊顶做法参见 ②/25 05J7−3 盖缝条和面层同长
走廊、楼梯间、其他房间	(1) 磨光大理石板 20mm 厚,水泥浆擦缝 (2) 1:3 干硬性水泥砂浆结合层 30mm 厚,表面撒水泥粉 (3) C10 混凝土垫层 100mm 厚 (4) 300mm 厚炉渣垫层 (5) 夯实土	(1) 磨光大理石板 20mm 厚,水泥浆擦缝 (2) 1:3 干硬性水泥砂浆结合层 30mm 厚,表面撒水泥粉 (3) 现浇混凝土楼板	④/4 05J7−1 大理石踢脚板 踢脚板高 150mm	(1) 16~18mm 厚 1:2.5 水泥砂浆分层抹平 (2) 刮 2mm 厚耐水腻子,遍遍找平 (3) 刷白色内墙涂料两遍	①/14 05J7−3 石膏板吊顶 走廊处吊顶净高 2.600m;展览区吊顶根据管道安装情况,中部净高 3.000m;四周净高降至 2.600m;其余房间吊顶净高 3.000m;楼梯间不设顶,顶棚做法同机房	
机房	—	(1) 30mm 厚 C20 细石混凝土随打随抹光 (2) 素水泥浆结合层一遍 (3) 现浇混凝土楼板	①/4 05J7−1 水泥踢脚板 踢脚板高 150mm	(1) 16~18mm 厚 1:2.5 水泥砂浆分层抹平 (2) 刮 2mm 厚耐水腻子,遍遍找平 (3) 刷白色内墙涂料两遍	(1) 16~18mm 厚 1:2.5 水泥砂浆分层抹平 (2) 刮 2mm 厚耐水腻子,遍遍找平 (3) 刷白色内墙涂料两遍	

×××市建筑设计研究院	审定人		校对人		工程名称	高层办公楼	图纸名称	工程说明	工程编号		阶段	施工图
	审核人		设计负责人								日期	
	项目负责人		设计人		项目名称	×××厂区			图号	建施01	比例	

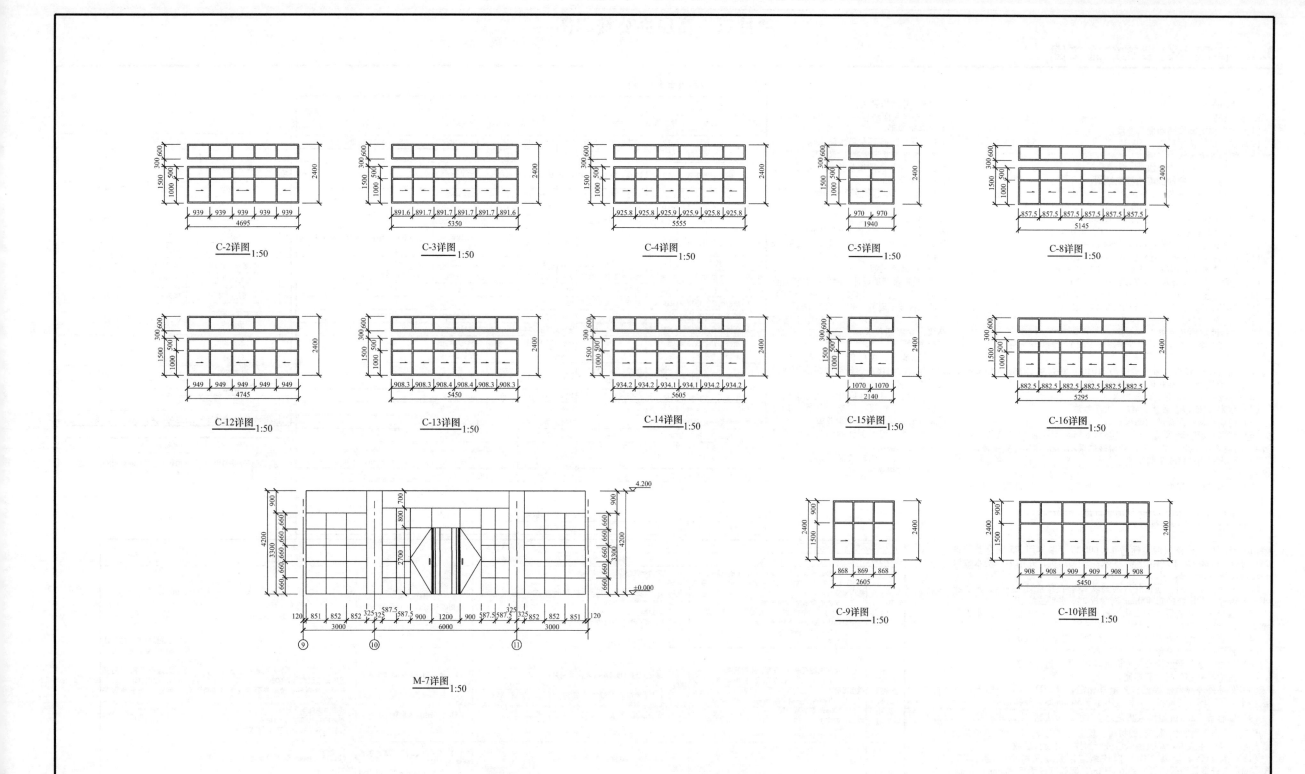

C-2详图 1:50

C-3详图 1:50

C-4详图 1:50

C-5详图 1:50

C-8详图 1:50

C-12详图 1:50

C-13详图 1:50

C-14详图 1:50

C-15详图 1:50

C-16详图 1:50

M-7详图 1:50

C-9详图 1:50

C-10详图 1:50

×××市建筑 设计研究院	审定人		校对人		工程名称	高层办公楼	图纸 名称	门窗详图	工程编号		阶段	施工图
	审核人		设计负责人								日期	
	项目负责人		设计人		项目名称	×××厂区			图号	建施02	比例	1:50

52

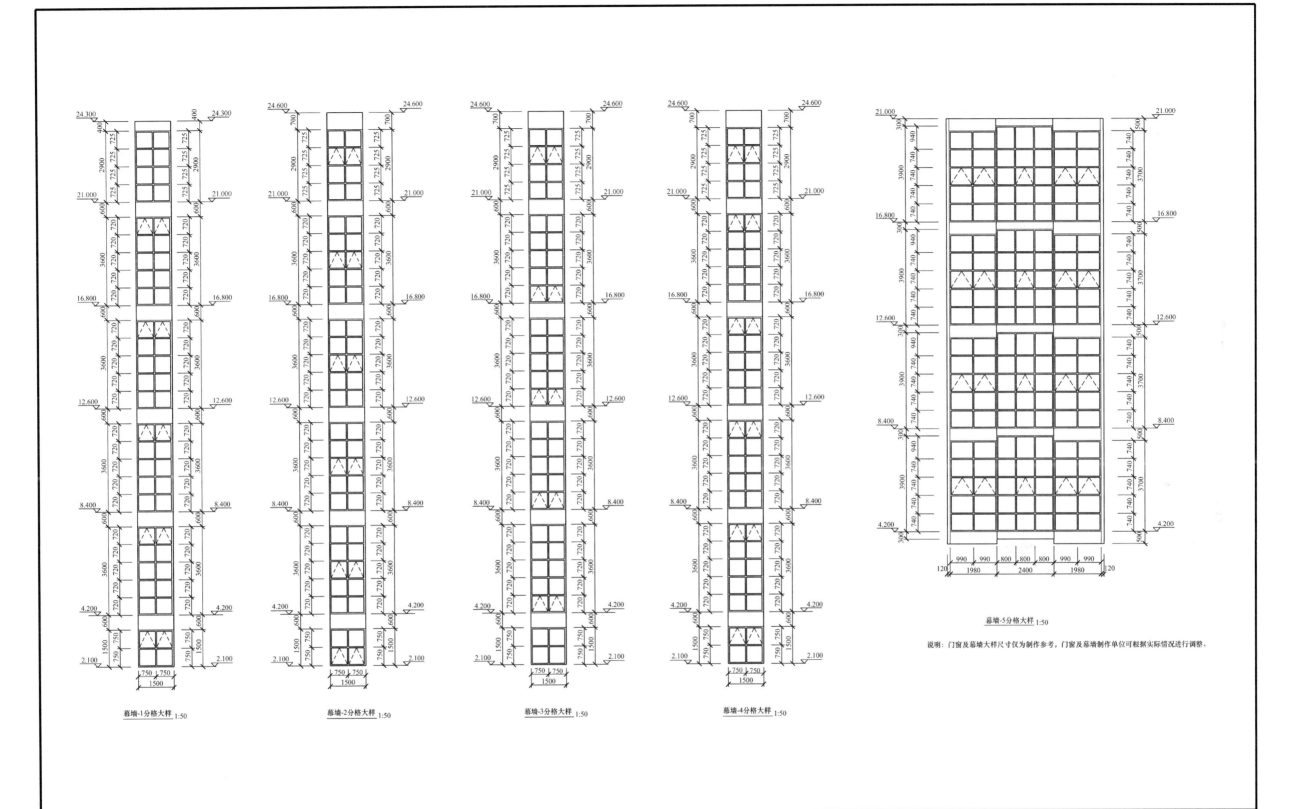

幕墙-1分格大样 1:50

幕墙-2分格大样 1:50

幕墙-3分格大样 1:50

幕墙-4分格大样 1:50

幕墙-5分格大样 1:50

说明：门窗及幕墙大样尺寸仅为制作参考，门窗及幕墙制作单位可根据实际情况进行调整。

×××市建筑 设计研究院	审定人		校对人		工程名称	高层办公楼	图纸 名称	幕墙 详图	工程编号		阶段	施工图
	审核人		设计负责人						日期			
	项目负责人		设计人		项目名称	×××厂区			图号	建施03	比例	1:50

53

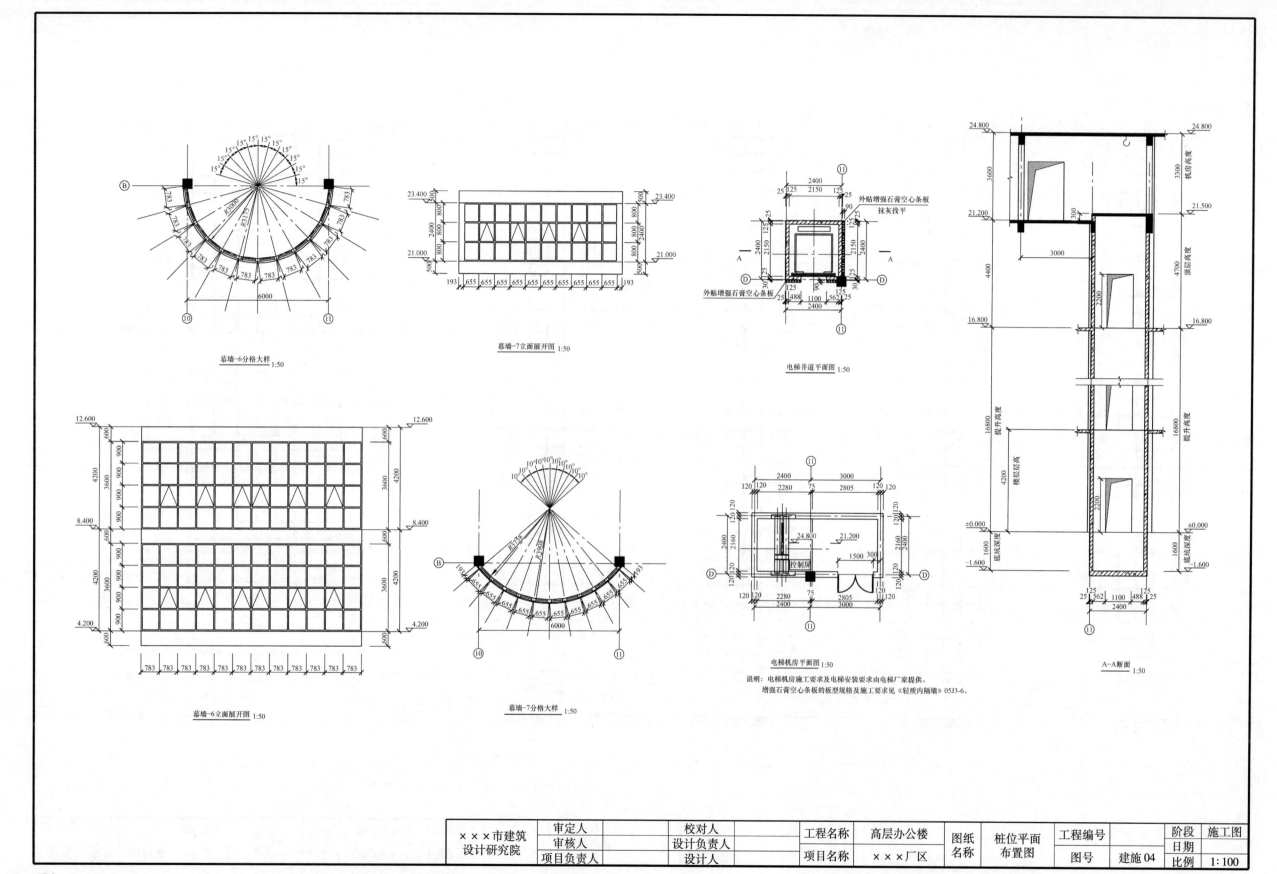

幕墙-6分格大样 1:50

幕墙-7立面展开图 1:50

电梯井道平面图 1:50

外贴增强石膏空心条板抹灰找平

外贴增强石膏空心条板

幕墙-6立面展开图 1:50

幕墙-7分格大样 1:50

电梯机房平面图 1:50

控制屏

说明：电梯机房施工要求及电梯安装要求由电梯厂家提供。
增强石膏空心条板的板型规格及施工要求见《轻质内隔墙》05J3-6。

A-A断面 1:50

×××市建筑设计研究院	审定人		校对人		工程名称	高层办公楼	图纸名称	桩位平面布置图	工程编号		阶段	施工图
	审核人		设计负责人								日期	
	项目负责人		设计人		项目名称	×××厂区			图号	建施04	比例	1:100

54

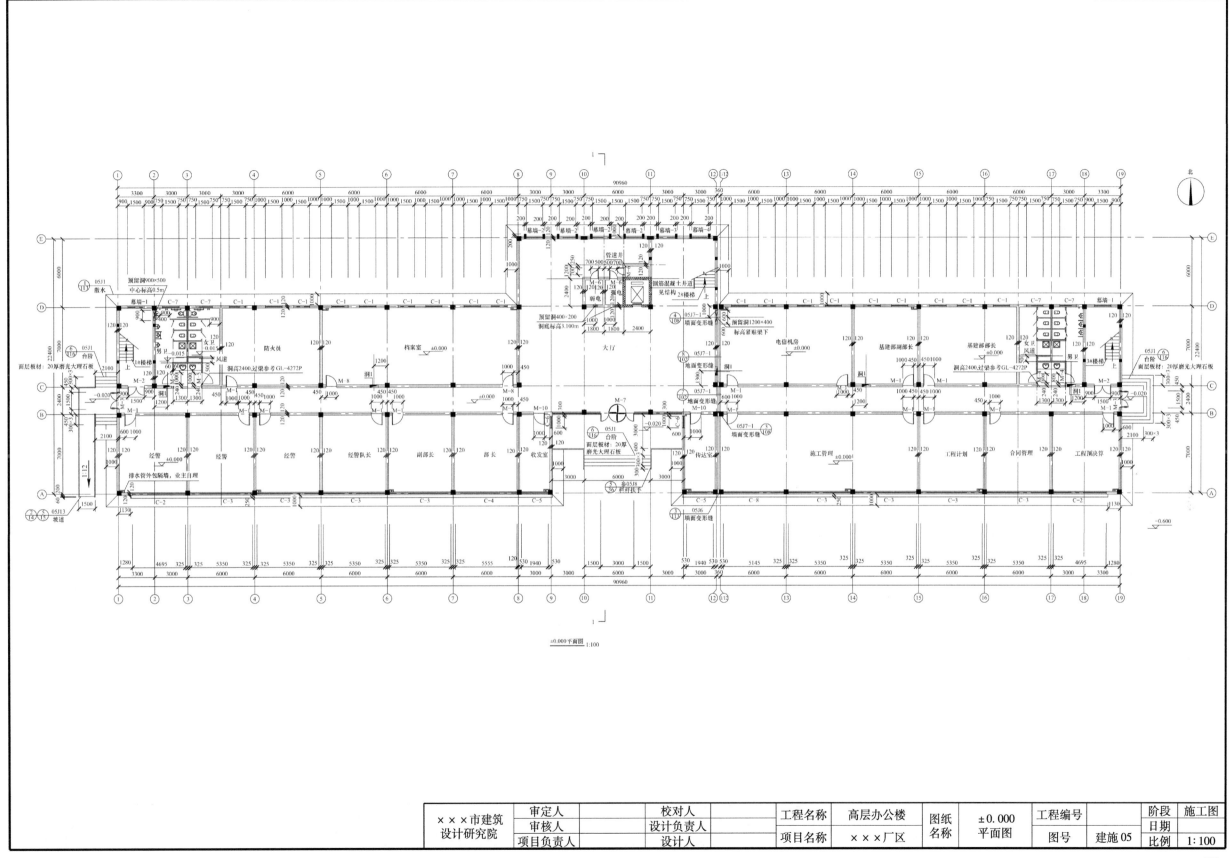

±0.000平面图 1:100

×××市建筑	审定人		校对人		工程名称	高层办公楼	图纸	±0.000	工程编号		阶段	施工图
设计研究院	审核人		设计负责人				名称	平面图	图号	建施05	日期	
	项目负责人		设计人		项目名称	×××厂区					比例	1:100

55

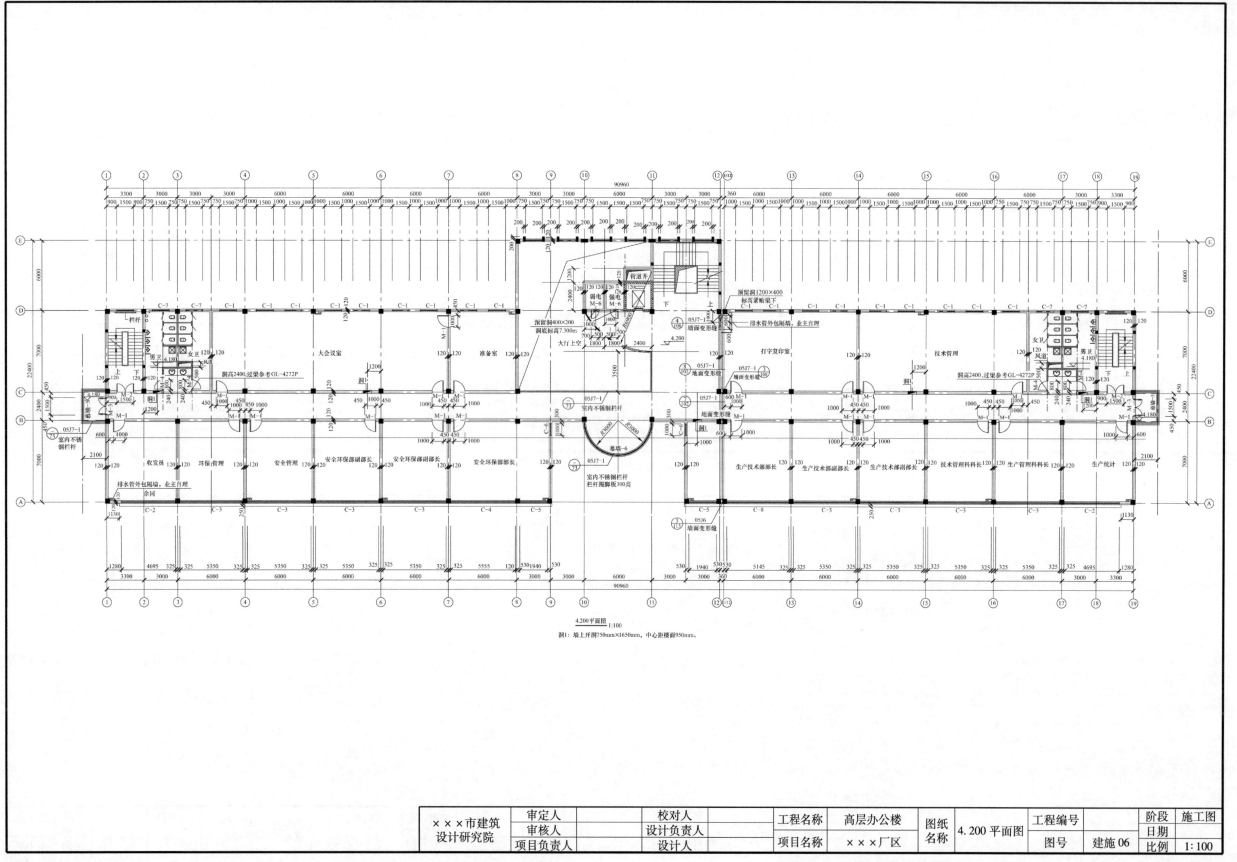

4.200平面图
1:100

洞1：墙上开洞750mm×1650mm，中心距楼面950mm。

×××市建筑 设计研究院	审定人		校对人		工程名称	高层办公楼	图纸 名称	4.200平面图	工程编号		阶段	施工图
	审核人		设计负责人						日期		
	项目负责人		设计人		项目名称	×××厂区			图号	建施06	比例	1:100

56

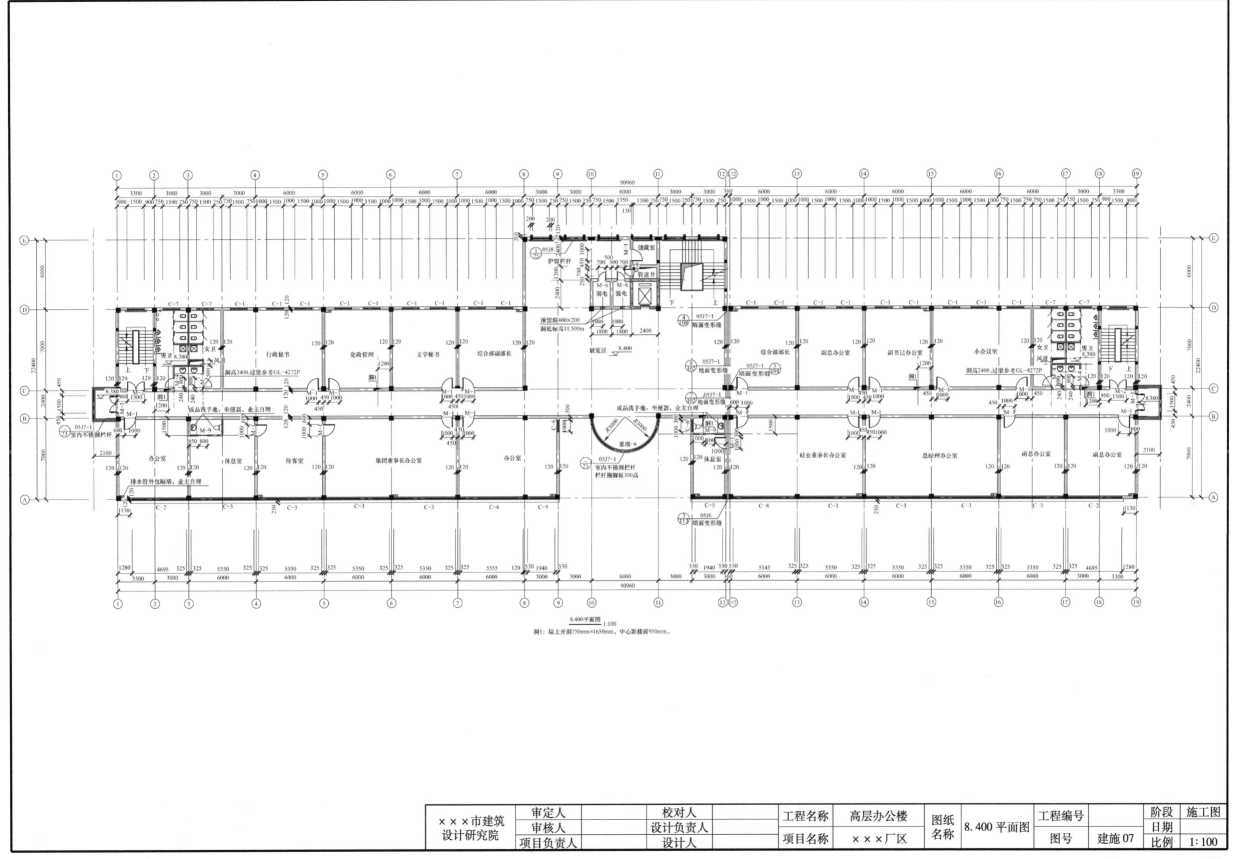

8.400平面图
1:100

洞1：墙上开洞750mm×1650mm，中心距楼面950mm。

	×××市建筑 设计研究院	审定人		校对人		工程名称	高层办公楼	图纸 名称	8.400平面图	工程编号		阶段	施工图
审核人		设计负责人				日期	
项目负责人		设计人		项目名称	×××厂区			图号	建施07	比例	1:100

57

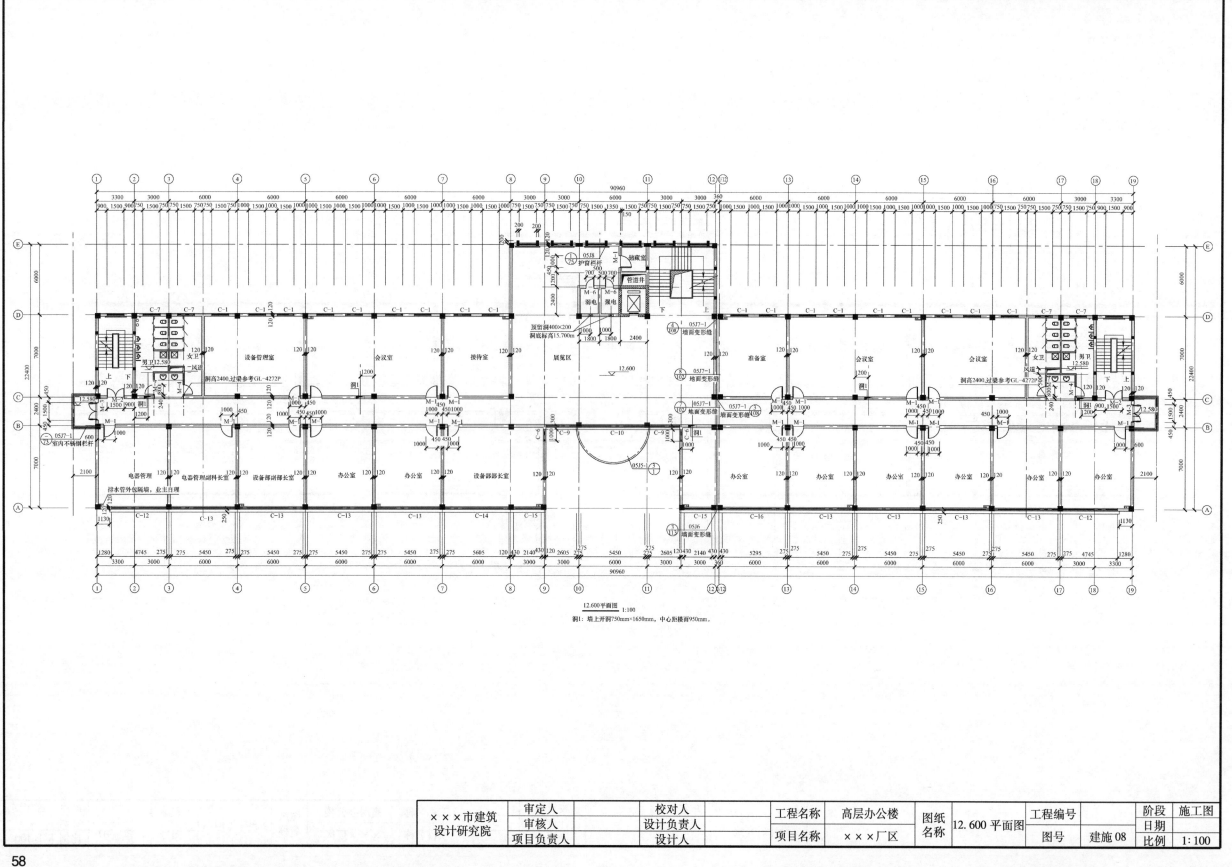

洞1：墙上开洞750mm×1650mm，中心距楼西950mm。

12.600平面图 1:100

×××市建筑 设计研究院	审定人		校对人		工程名称	高层办公楼	图纸 名称	12.600平面图	工程编号		阶段	施工图
	审核人		设计负责人								日期	
	项目负责人		设计人		项目名称	×××厂区	图号	建施08			比例	1:100

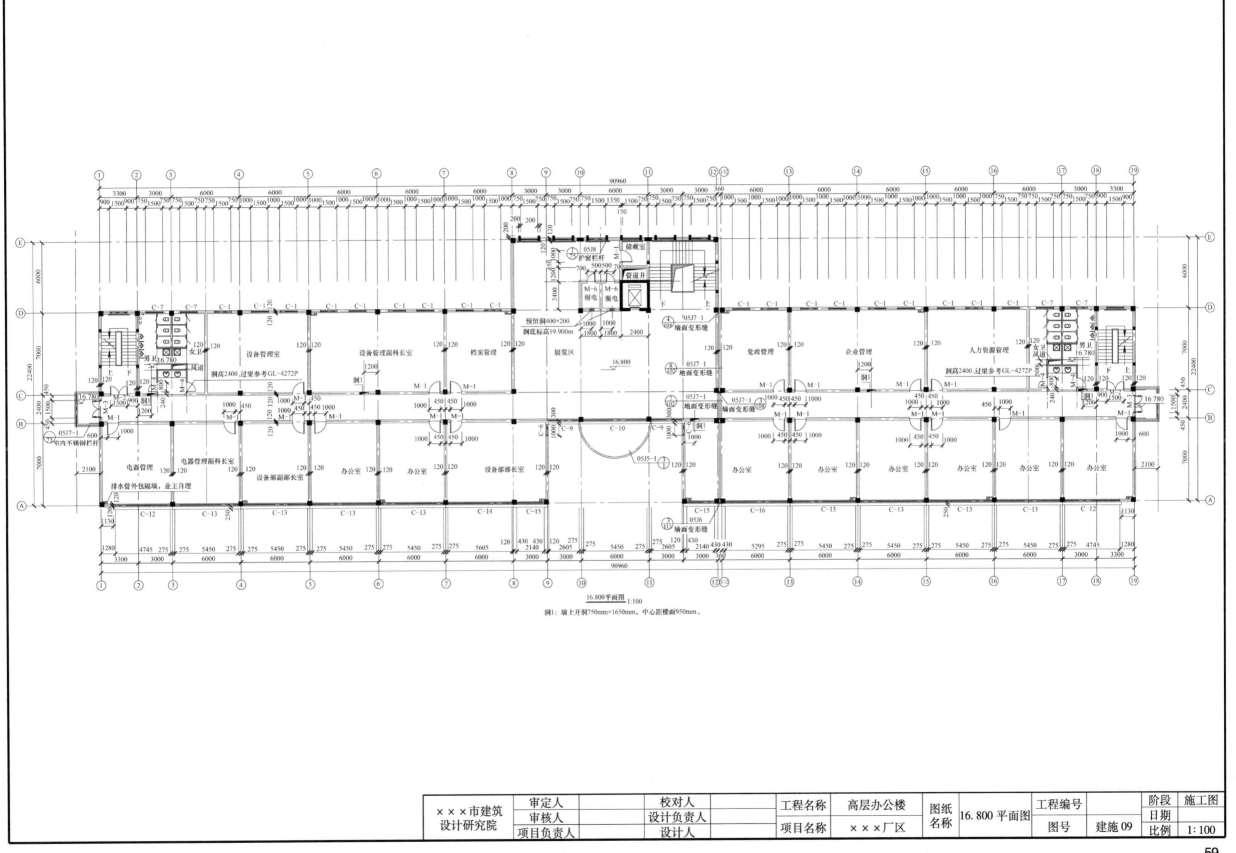

洞1：墙上开洞750mm×1650mm，中心距楼面950mm。

16.800平面图 1:100

×××市建筑设计研究院	审定人		校对人		工程名称	高层办公楼	图纸名称	16.800平面图	工程编号		阶段	施工图
	审核人		设计负责人		项目名称	×××厂区			日期			
	项目负责人		设计人						图号	建施09	比例	1:100

59

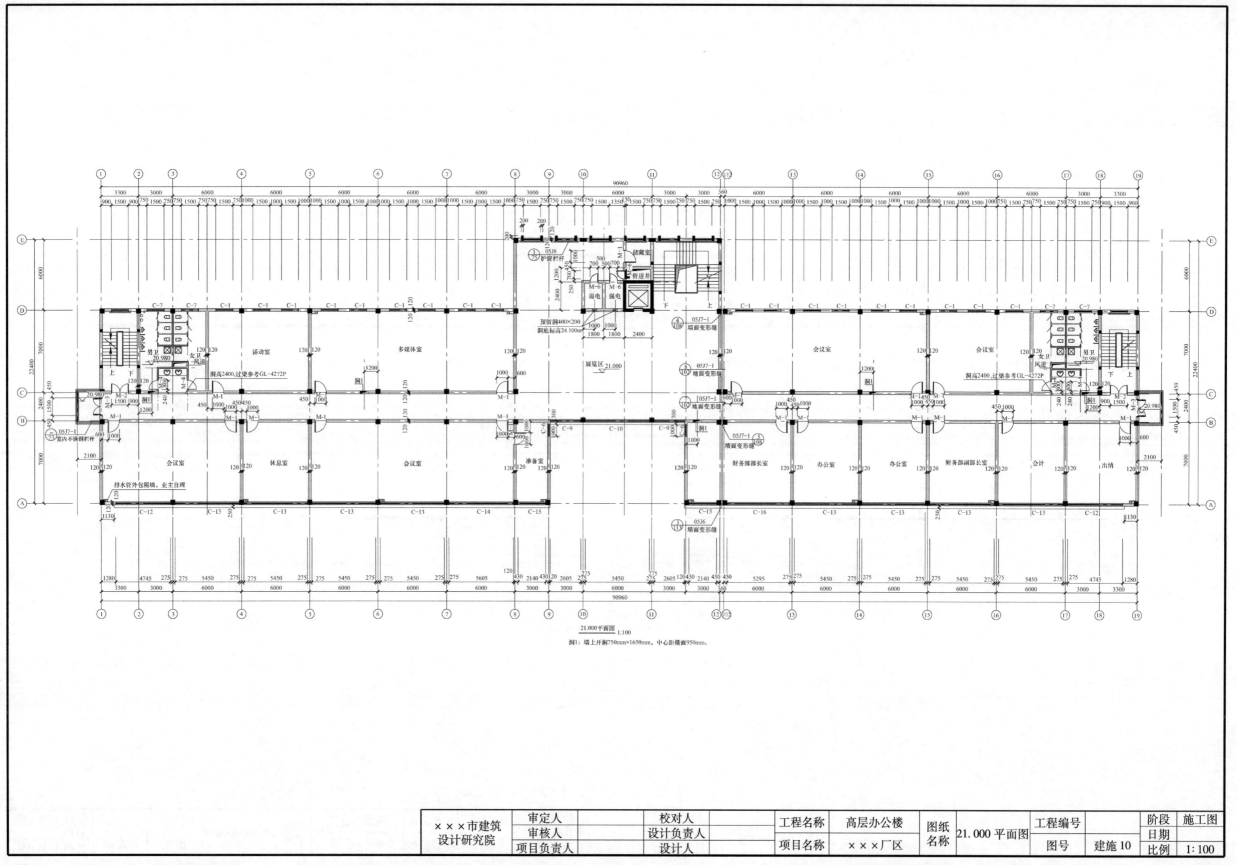

21.000平面图 1:100

洞1：墙上开洞750mm×1650mm，中心距楼面950mm。

×××市建筑设计研究院	审定人		校对人		工程名称	高层办公楼	图纸名称	21.000平面图	工程编号		阶段	施工图
	审核人		设计负责人								日期	
	项目负责人		设计人		项目名称	×××厂区	图号	建施10			比例	1:100

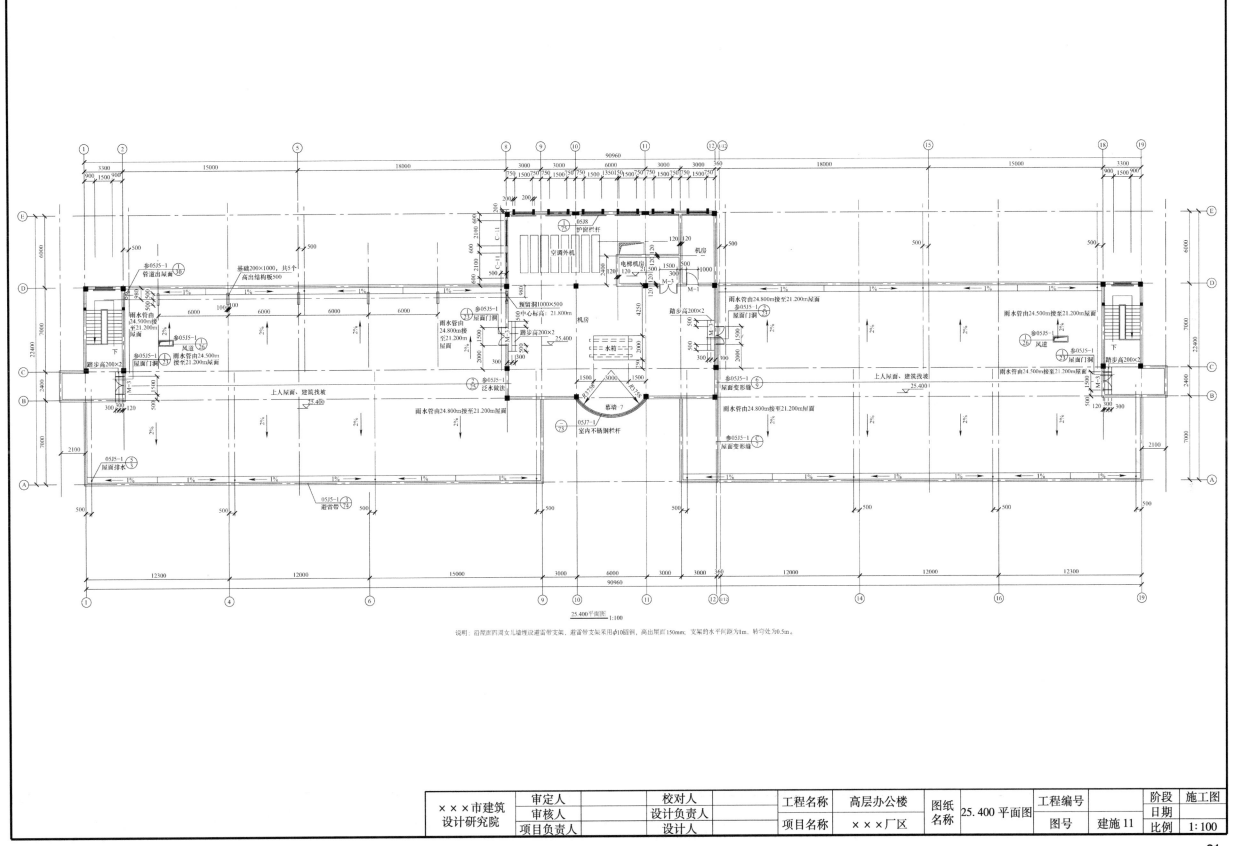

说明：沿屋面四周女儿墙埋设避雷带支架，避雷带支架采用φ10圆钢，高出屋面150mm；支架的水平间距为1m，转弯处为0.5m。

25.400平面图 1:100

×××市建筑 设计研究院	审定人		校对人		工程名称	高层办公楼	图纸 名称	25.400平面图	工程编号		阶段	施工图
	审核人		设计负责人								日期	
	项目负责人		设计人		项目名称	×××厂区			图号	建施11	比例	1:100

61

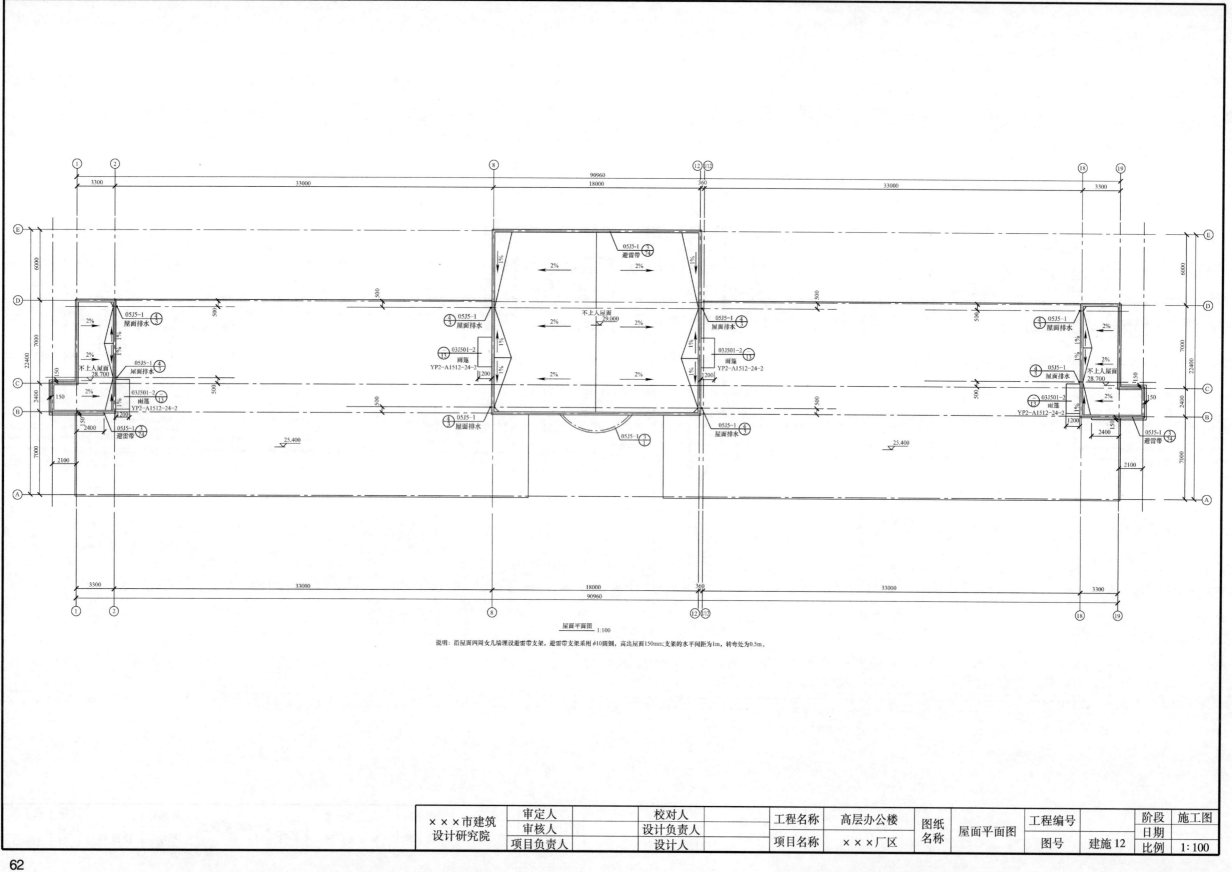

屋面平面图 1:100

说明：沿屋面四周女儿墙埋设避雷带支架，避雷带支架采用φ10圆钢，高出屋面150mm，支架的水平间距为1m，转弯处为0.5m。

×××市建筑设计研究院	审定人		校对人		工程名称	高层办公楼	图纸名称	屋面平面图	工程编号		阶段	施工图
	审核人		设计负责人								日期	
	项目负责人		设计人		项目名称	×××厂区			图号	建施12	比例	1:100

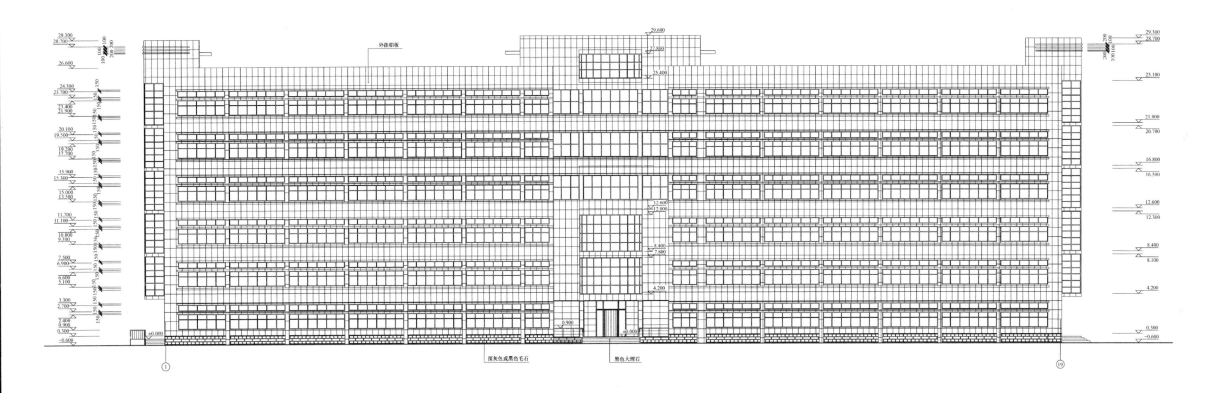

外挂铝板

深灰色或黑色毛石　　　黑色大理石

①～⑲立面图 1:100

×××市建筑设计研究院	审定人		校对人		工程名称	高层办公楼	图纸名称	①～⑲立面图	工程编号		阶段	施工图
	审核人		设计负责人								日期	
	项目负责人		设计人		项目名称	×××厂区		图号	建施13		比例	1:100

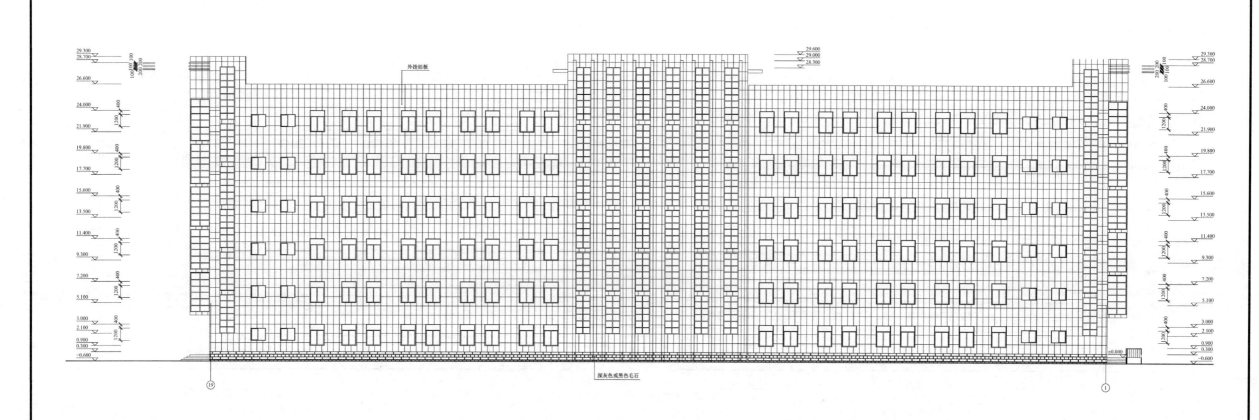

29.300
28.700
26.600

24.000
21.900

19.800
17.700

15.600
13.500

11.400
9.300

7.200
5.100

3.000
2.100
0.900
0.300
-0.600

外挂铝板

29.600
29.000
28.300

29.300
28.700
26.600

24.000
21.900

19.800
17.700

15.600
13.500

11.400
9.300

7.200
5.100

3.000
2.100
0.900
0.300
-0.600

⑲

①

深灰色或黑色毛石

⑲～①立面图 1:100

×××市建筑设计研究院	审定人		校对人		工程名称	高层办公楼	图纸名称	⑲～①立面图	工程编号		阶段	施工图
	审核人		设计负责人								日期	
	项目负责人		设计人		项目名称	×××厂区			图号	建施14	比例	1:100

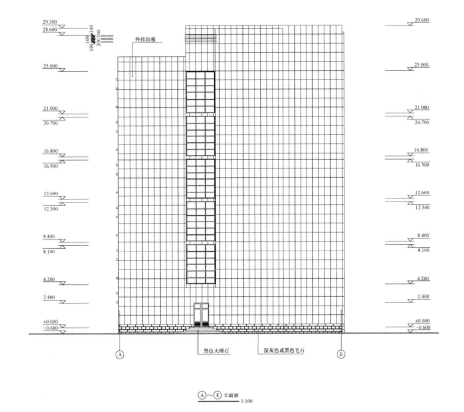

Ⓐ～Ⓔ立面图 1:100

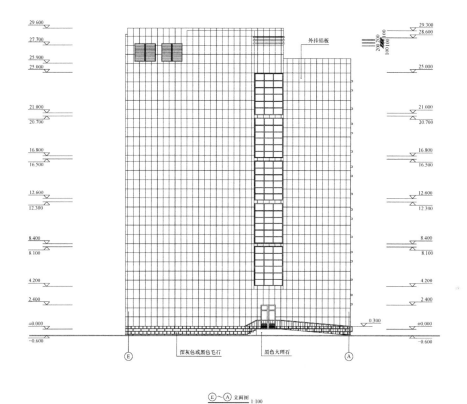

Ⓔ～Ⓐ立面图 1:100

×××市建筑 设计研究院	审定人		校对人		工程名称	高层办公楼	图纸 名称	Ⓐ～Ⓔ立面图	工程编号		阶段	施工图
	审核人		设计负责人					Ⓔ～Ⓐ立面图			日期	
	项目负责人		设计人		项目名称	×××厂区			图号	建施15	比例	1:100

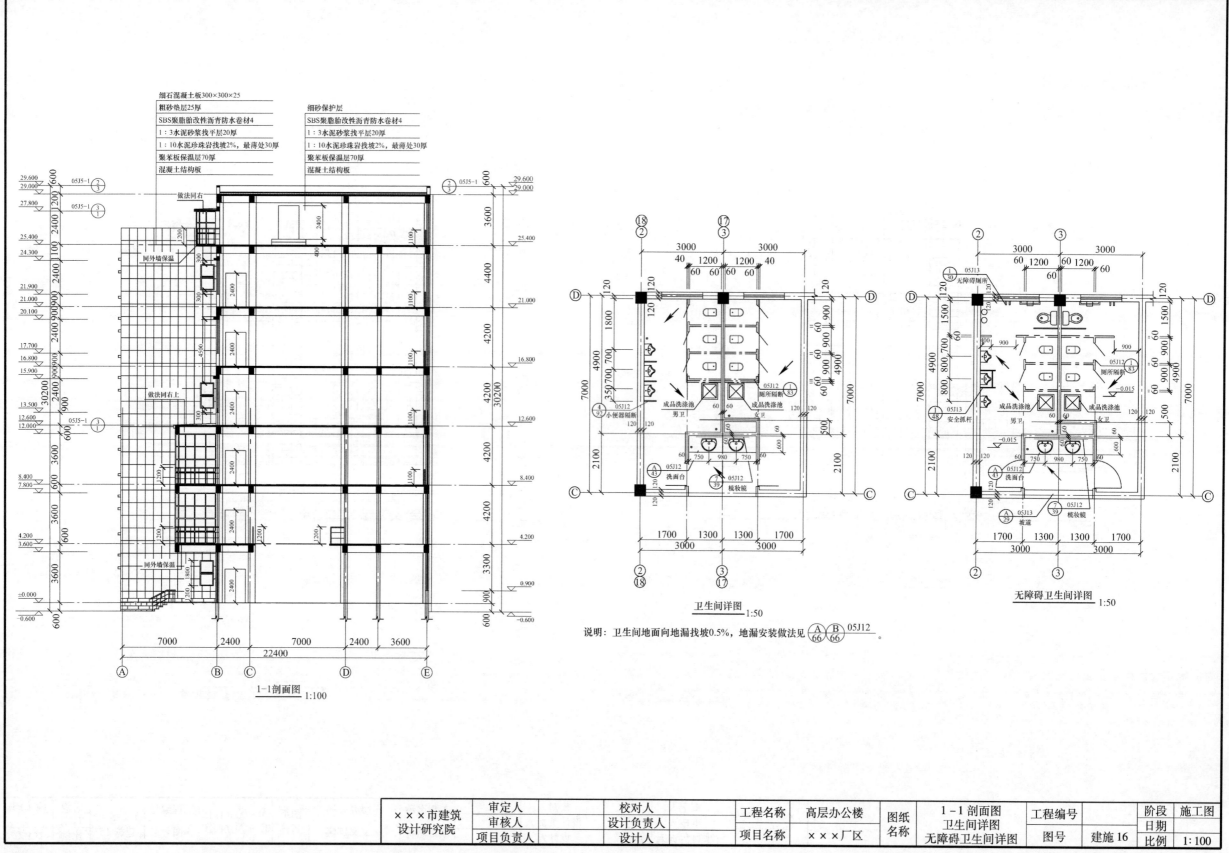

细石混凝土板300×300×25
粗砂垫层25厚
SBS聚脂胎改性沥青防水卷材4
1：3水泥砂浆找平层20厚
1：10水泥珍珠岩找坡2%，最薄处30厚
聚苯板保温层70厚
混凝土结构板

细砂保护层
SBS聚脂胎改性沥青防水卷材4
1：3水泥砂浆找平层20厚
1：10水泥珍珠岩找坡2%，最薄处30厚
聚苯板保温层70厚
混凝土结构板

1-1剖面图 1:100

卫生间详图 1:50

无障碍卫生间详图 1:50

说明：卫生间地面向地漏找坡0.5%，地漏安装做法见 Ⓐ66 Ⓑ66 05J12。

×××市建筑设计研究院	审定人		校对人		工程名称	高层办公楼	图纸名称	1-1剖面图卫生间详图无障碍卫生间详图	工程编号		阶段	施工图
	审核人		设计负责人								日期	
	项目负责人		设计人		项目名称	×××厂区			图号	建施16	比例	1:100

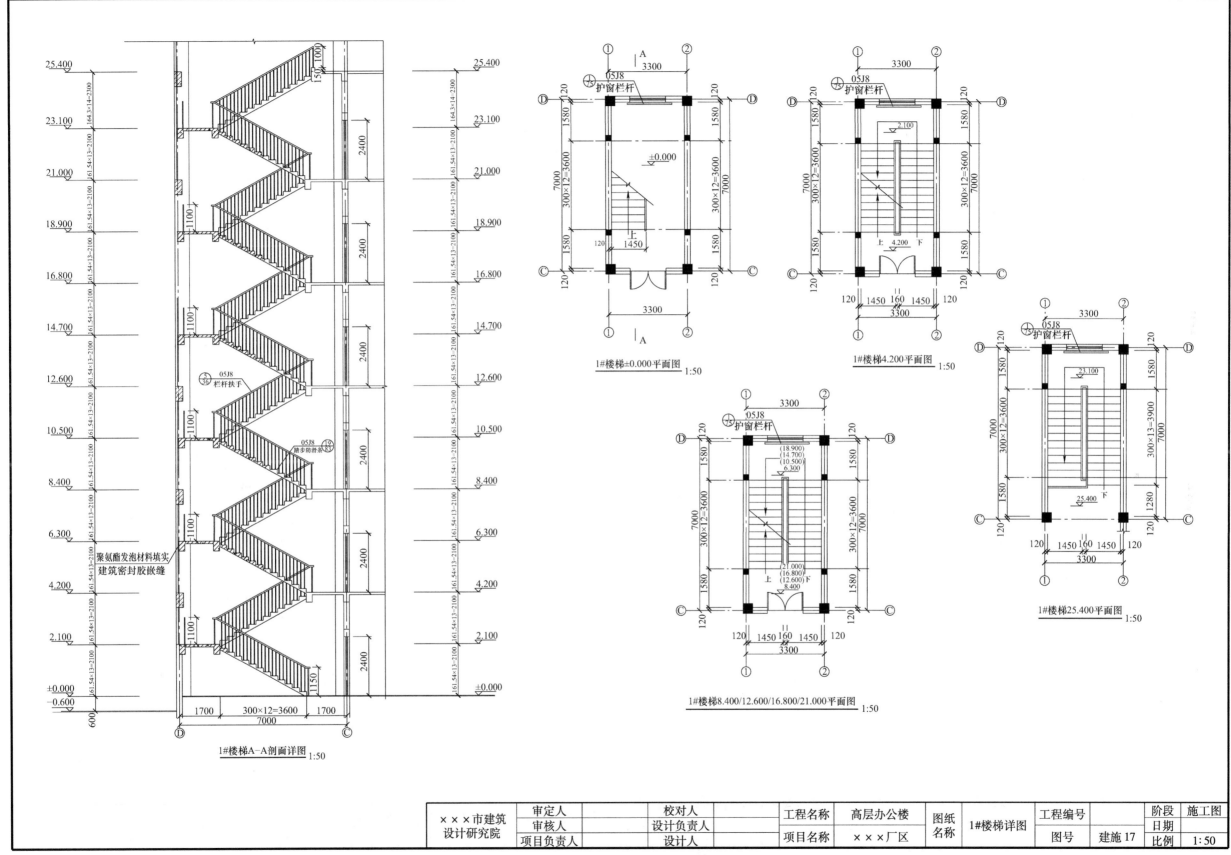

1#楼梯A-A剖面详图 1:50

1#楼梯±0.000平面图 1:50

1#楼梯4.200平面图 1:50

1#楼梯8.400/12.600/16.800/21.000平面图 1:50

1#楼梯25.400平面图 1:50

×××市建筑	审定人		校对人		工程名称	高层办公楼	图纸	1#楼梯详图	工程编号		阶段	施工图
设计研究院	审核人		设计负责人				名称				日期	
	项目负责人		设计人		项目名称	×××厂区			图号	建施17	比例	1:50

67

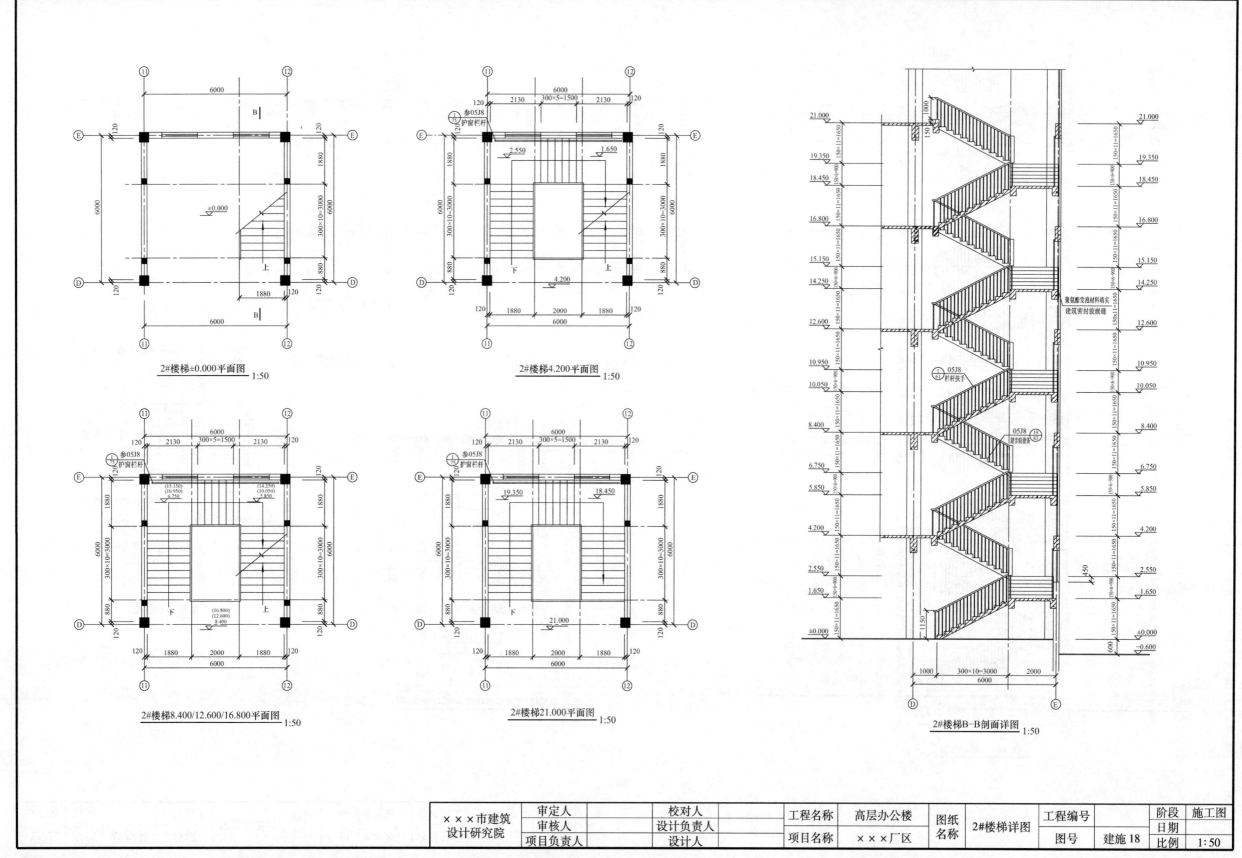

2#楼梯±0.000平面图 1:50

2#楼梯4.200平面图 1:50

2#楼梯8.400/12.600/16.800平面图 1:50

2#楼梯21.000平面图 1:50

2#楼梯B-B剖面详图 1:50

×××市建筑设计研究院	审定人		校对人		工程名称	高层办公楼	图纸名称	2#楼梯详图	工程编号		阶段	施工图
	审核人		设计负责人								日期	
	项目负责人		设计人		项目名称	×××厂区	图号	建施18			比例	1:50

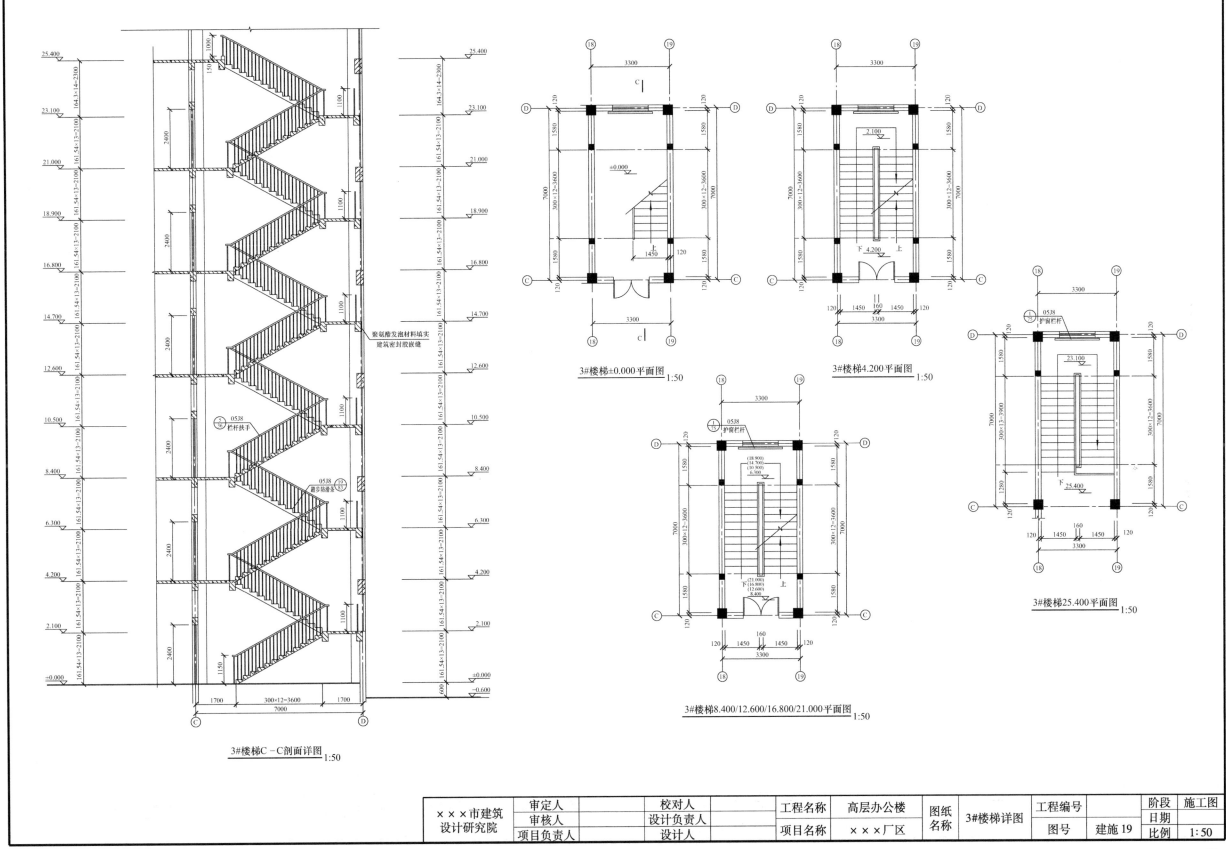

3#楼梯C-C剖面详图 1:50

3#楼梯±0.000平面图 1:50

3#楼梯4.200平面图 1:50

3#楼梯8.400/12.600/16.800/21.000平面图 1:50

3#楼梯25.400平面图 1:50

×××市建筑设计研究院	审定人		校对人		工程名称	高层办公楼	图纸名称	3#楼梯详图	工程编号		阶段	施工图
	审核人		设计负责人								日期	
	项目负责人		设计人		项目名称	×××厂区			图号	建施19	比例	1:50

3.2 高层办公楼结构施工图

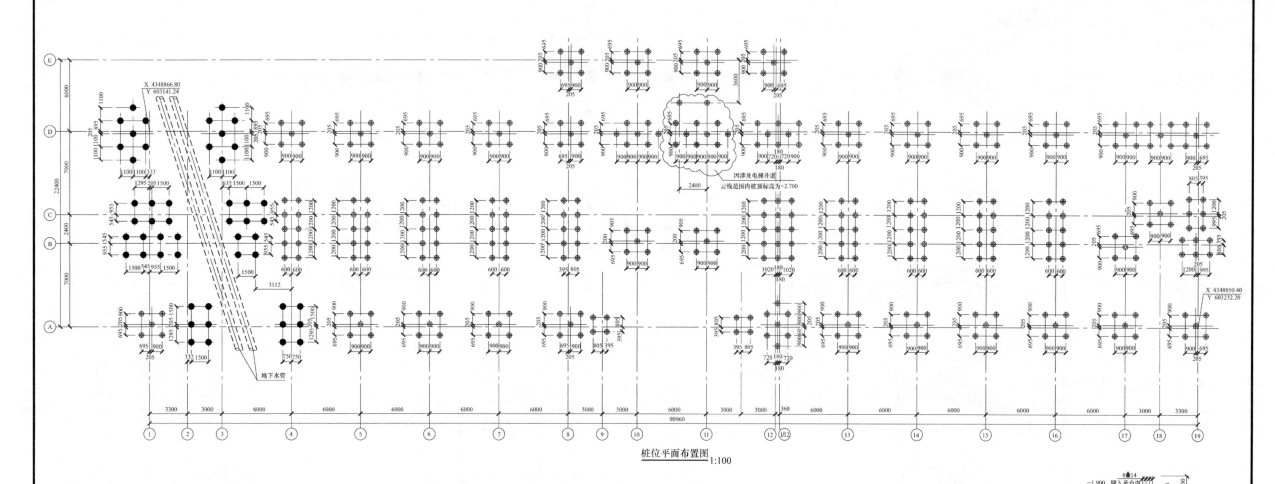

桩位平面布置图 1:100

1. ±0.000相当于绝对标高4.100(黄海高程),本图所注标高均为相对标高。

2. 本工程采用两种桩型:钻孔灌注桩和预应力高强度混凝土管桩。

3. 钻孔灌注桩,桩径500mm,桩长25m,本图纸中用 ● 表示。

4. 预应力高强度混凝土管桩,桩直径为400mm,壁厚为80mm,本图纸中用 ◎ 表示。

5. 本工程混凝土管桩的长度是根据岩土工程勘察报告确定的,本工程桩以第7层土为桩端持力层。如发现地基实际情况与岩土工程勘察报告有出入,应及时通知设计院和勘察部门协商解决。

6. 桩的平面位置、垂直度应满足规范要求。

7.桩基础按下列要求进行检测:
(1) 每种桩的低应变试验检测数量不应少于总桩数的25%,且不得少于10根。
(2) 每种桩的单桩竖向抗压静载荷试验的检测数量不应少于3根。
(3)当动测评定有质量不合格的桩时,需100%进行检测。

8.桩顶标高:本图中桩顶标高均为−1.900(相对标高)。

钻孔灌注桩说明:
1.钻孔灌注桩的桩端持力层为第 7 层土,桩径500mm,
  桩长25m,单桩竖向承载力特征值≥700kN。
2.桩身采用C30混凝土,纵筋保护层厚度为75mm。
3.桩身全截面进入持力层的深度不小于1200mm,同时应满足承载力设计值要求。
4.本图中钻孔灌注桩共50根。

预应力高强度混凝土管桩说明:
1.选用天津市标准《先张法预应力混凝土管桩》(02G10)中的PC(PHC)A(AB)400 80 X型桩。
2.单桩承载力特征值不小于650kN。
3.管桩采用锤击法施工,采用贯入度和标高双重控制,并以贯入度控制为主;图中单桩极限承载力标准值≥1300kN。桩身全截面进入持力层的深度不小于1200mm,同时应满足承载力设计值要求。
4.本图中预应力高强度混凝土管桩共313根。

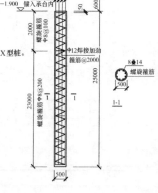

φ500钻孔灌注桩桩身配筋图

×××市建筑 设计研究院	审定人		校对人		工程名称	高层办公楼	图纸 名称	桩位平面 布置图	工程编号		阶段	施工图
	审核人		设计负责人								日期	
	项目负责人		设计人		项目名称	×××厂区			图号	结施01	比例	1:100

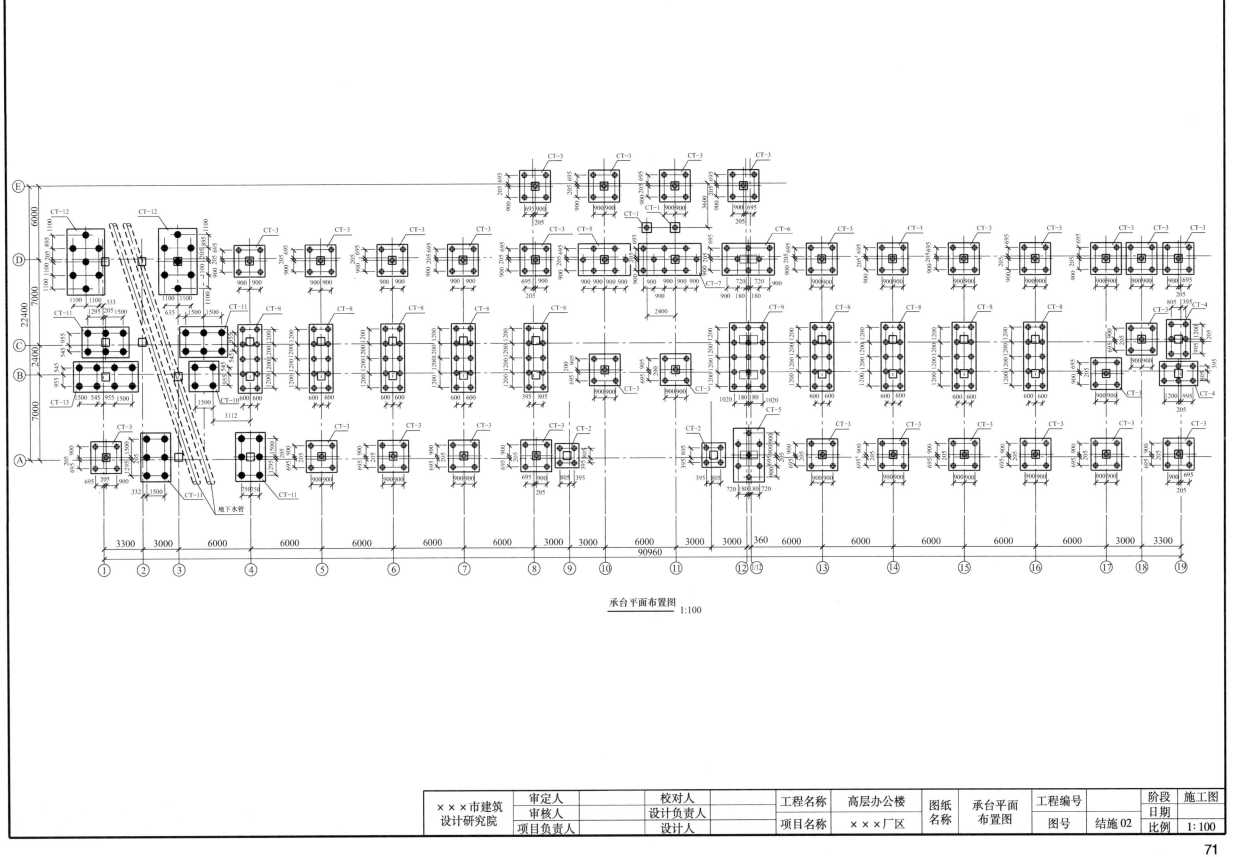

承台平面布置图 1:100

×××市建筑设计研究院	审定人		校对人		工程名称	高层办公楼	图纸名称	承台平面布置图	工程编号		阶段	施工图
	审核人		设计负责人								日期	
	项目负责人		设计人		项目名称	×××厂区			图号	结施02	比例	1:100

71

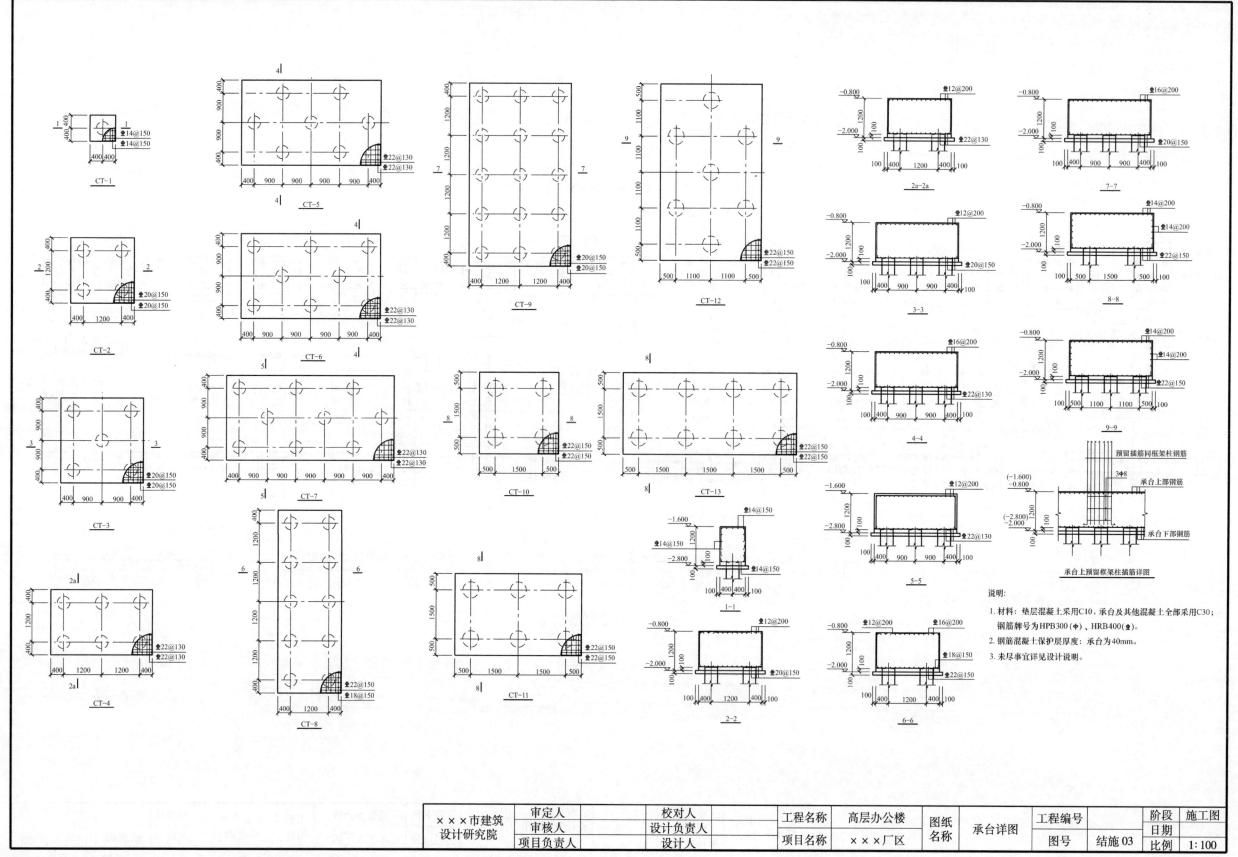

说明:
1. 材料:垫层混凝土采用C10,承台及其他混凝土全部采用C30;钢筋牌号为HPB300(Φ)、HRB400(Φ)。
2. 钢筋混凝土保护层厚度:承台为40mm。
3. 未尽事宜详见设计说明。

×××市建筑设计研究院	审定人		校对人		工程名称	高层办公楼	图纸名称	承台详图	工程编号		阶段	施工图
	审核人		设计负责人								日期	
	项目负责人		设计人		项目名称	×××厂区			图号	结施03	比例	1:100

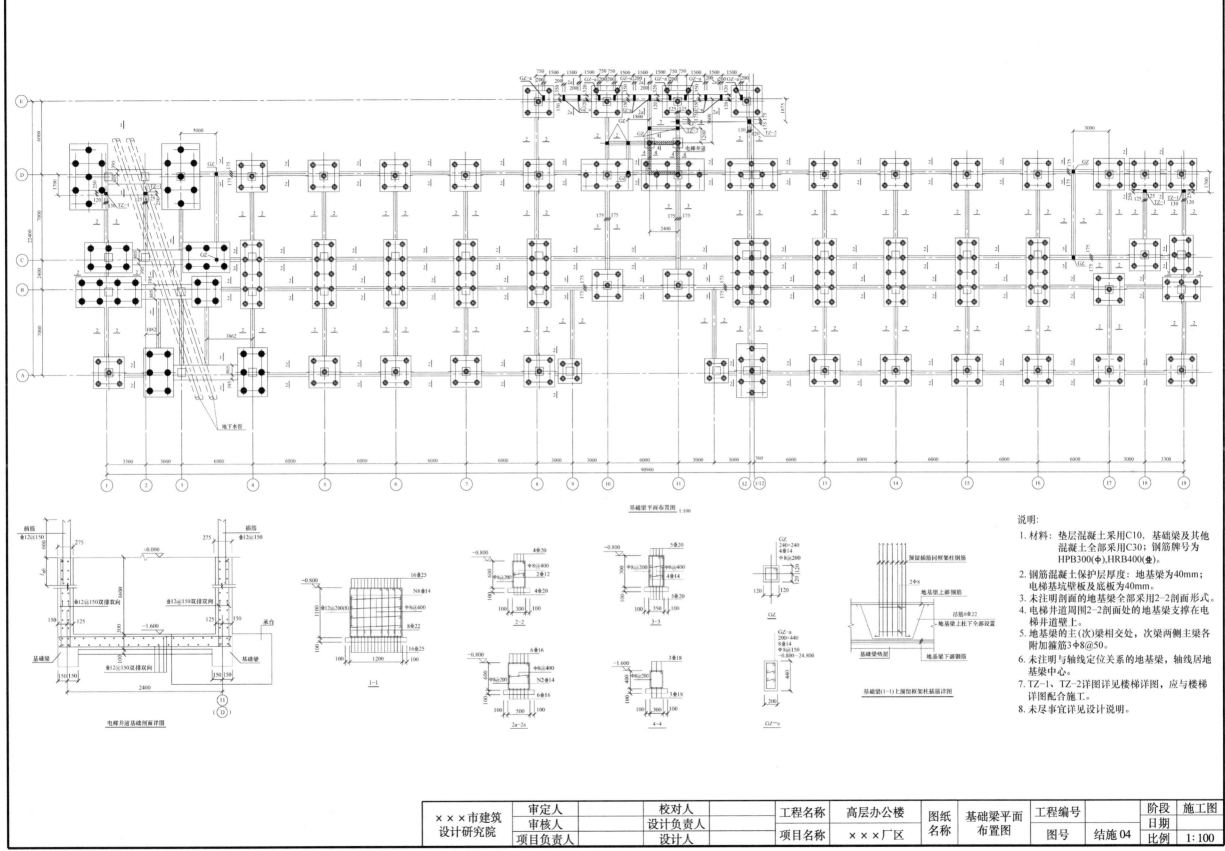

基础梁平面布置图 1:100

电梯井道基础剖面详图

1-1

2-2

3-3

2a-2a

4-4

GZ
240×240
4⊥20
Φ8@200

GZ

GZ-a
200×440
8⊥8
Φ8@150
-0.800~-24.800

GZ-a

基础梁(1-1)上预留框架柱插筋详图

说明：
1. 材料：垫层混凝土采用C10，基础梁及其他混凝土全部采用C30；钢筋牌号为HPB300(φ)，HRB400(⊥)。
2. 钢筋混凝土保护层厚度：地基梁为40mm；电梯井坑壁板及底板为40mm。
3. 未注明剖面的地基梁全部采用2-2剖面形式。
4. 电梯井道周围2-2剖面处的地基梁支撑在电梯井道壁上。
5. 地基梁的主(次)梁相交处，次梁两侧主梁各附加箍筋3φ8@50。
6. 未注明与轴线定位关系的地基梁，轴线居地基梁中心。
7. TZ-1、TZ-2详图详见楼梯详图，应与楼梯详图配合施工。
8. 未尽事宜详见设计说明。

×××市建筑设计研究院	审定人		校对人		工程名称	高层办公楼	图纸名称	基础梁平面布置图	工程编号		阶段	施工图
	审核人		设计负责人								日期	
	项目负责人		设计人		项目名称	×××厂区			图号	结施04	比例	1:100

73

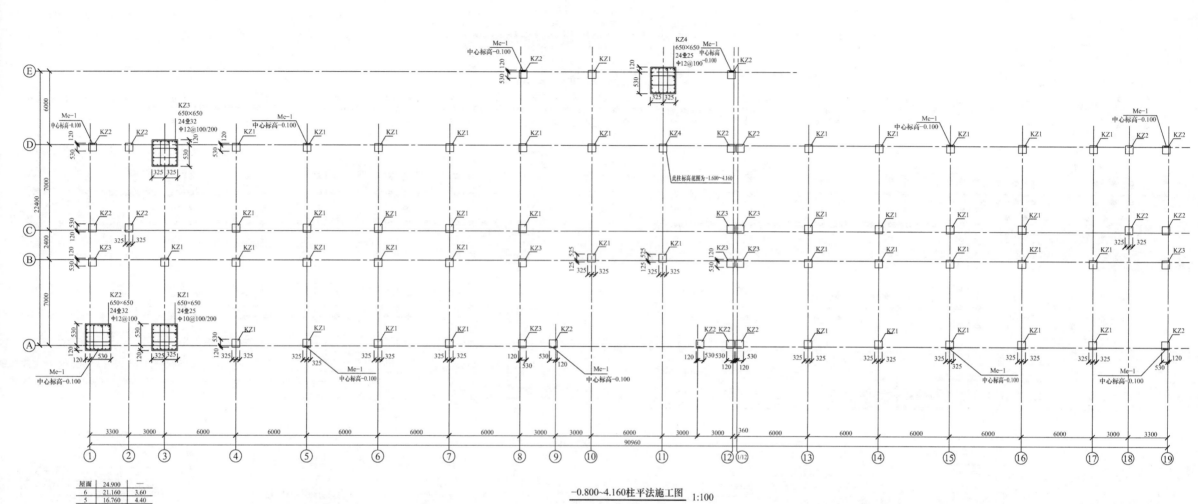

-0.800~4.160柱平法施工图 1:100

屋面	24.900	—
6	21.160	3.60
5	16.760	4.40
4	12.560	4.20
3	8.360	4.20
2	4.160	4.20
1	-0.800	5.00
层号	标高/m	层高/m

结构层楼面标高及结构层高

柱内电气接地预埋连接板做法(Me-1)

注：建筑防雷引下线在柱外侧分别设置预埋钢板100mm×100mm×10mm，钢板焊接2Φ10锚固钢筋，
　　锚固钢筋与柱中作为引下线的主筋焊接牢固。

说明：
1. 材料：柱混凝土全部采用C30；钢筋牌号为HPB300(Φ)、HRB400(Φ)。
2. 钢筋混凝土保护层厚度：柱为35mm。
3. 本工程为框架结构，抗震设防烈度为8度，场地类别为三类，框架抗震等级为二级。
4. 框架柱配筋均采用平面整体表示法，具体做法参见16G101-1图集。
5. 未尽事宜详见设计说明。

×××市建筑设计研究院	审定人		校对人		工程名称	高层办公楼	图纸名称	-0.800~4.160柱平法施工图	工程编号		阶段	施工图
	审核人		设计负责人								日期	
	项目负责人		设计人		项目名称	×××厂区			图号	结施05	比例	1:100

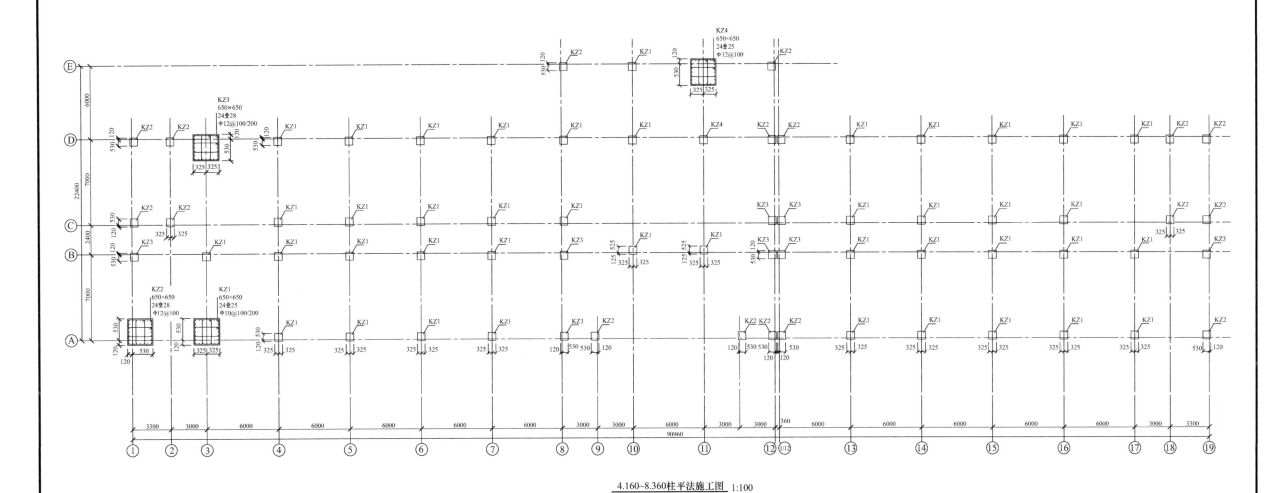

4.160~8.360柱平法施工图 1:100

说明:
1. 材料: 柱混凝土全部采用C30; 钢筋牌号为HPB300(Φ)、HRB400(Φ)。
2. 钢筋混凝土保护层厚度: 柱为35mm。
3. 本工程为框架结构, 抗震设防烈度为8度, 场地类别为三类, 框架抗震等级为二级。
4. 框架柱配筋均采用平面整体表示法, 具体做法参见16G101-1图集。
5. 未尽事宜详见设计说明。

×××市建筑 设计研究院	审定人		校对人		工程名称	高层办公楼	图纸 名称	4.160~8.360 柱平法施工图	工程编号		阶段	施工图
	审核人		设计负责人								日期	
	项目负责人		设计人		项目名称	×××厂区			图号	结施06	比例	1:100

75

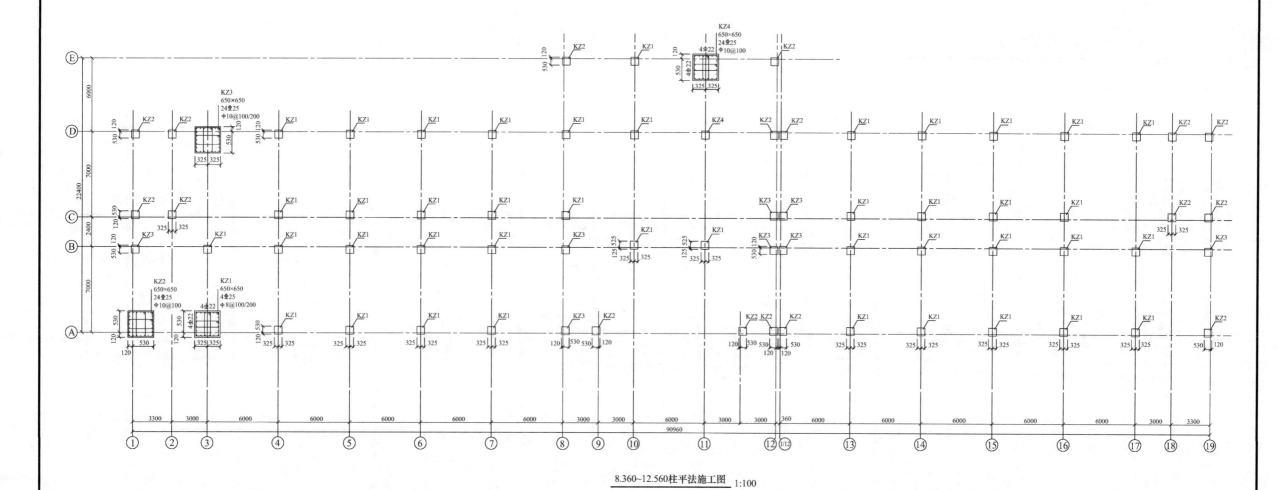

8.360~12.560柱平法施工图 1:100

说明:
1. 材料: 柱混凝土全部采用C30; 钢筋牌号为HPB300(Φ)、HRB400(Φ)。
2. 钢筋混凝土保护层厚度: 柱为35mm。
3. 本工程为框架结构, 抗震设防烈度为8度, 场地类别为三类, 框架抗震等级为二级。
4. 框架柱配筋均采用平面整体表示法, 具体做法参见16G101-1图集。
5. 未尽事宜详见设计说明。

×××市建筑设计研究院	审定人		校对人		工程名称	高层办公楼	图纸名称	8.360~12.560柱平法施工图	工程编号		阶段	施工图
	审核人		设计负责人								日期	
	项目负责人		设计人		项目名称	×××厂区			图号	结施07	比例	1:100

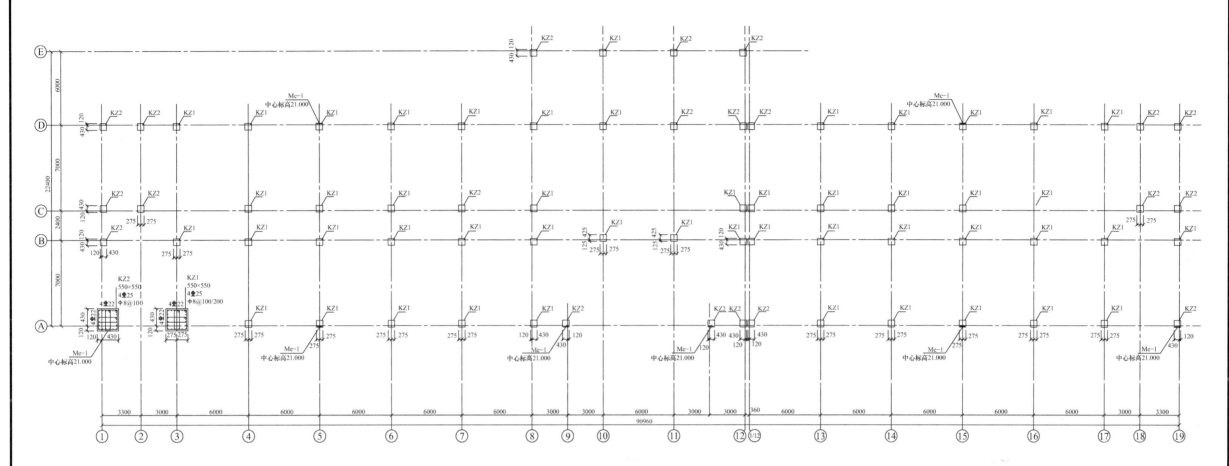

12.560~25.560柱平法施工图 1:100

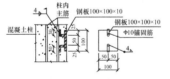

柱内电气接地预埋连接板做法(Me-1)

注：建筑防雷引下线在柱外侧分别设置预埋钢板100mm×100mm×10mm，钢板焊接2Φ10锚固钢筋，锚固钢筋与柱中作为引下线的主筋焊接牢固。

说明：
1. 材料：柱混凝土全部采用C30；钢筋牌号为HPB300(Φ)、HRB400(Φ)。
2. 钢筋混凝土保护层厚度：柱为35mm。
3. 本工程为框架结构，抗震设防烈度为8度，场地类别为三类，框架抗震等级为二级。
4. 框架柱配筋均采用平面整体表示法，具体做法参见16G101-1图集。
5. 未尽事宜详见设计说明。

×××市建筑设计研究院	审定人		校对人		工程名称	高层办公楼	图纸名称	12.560~25.560柱平法施工图	工程编号		阶段	施工图
	审核人		设计负责人								日期	
	项目负责人		设计人		项目名称	×××厂区			图号	结施08	比例	1:100

77

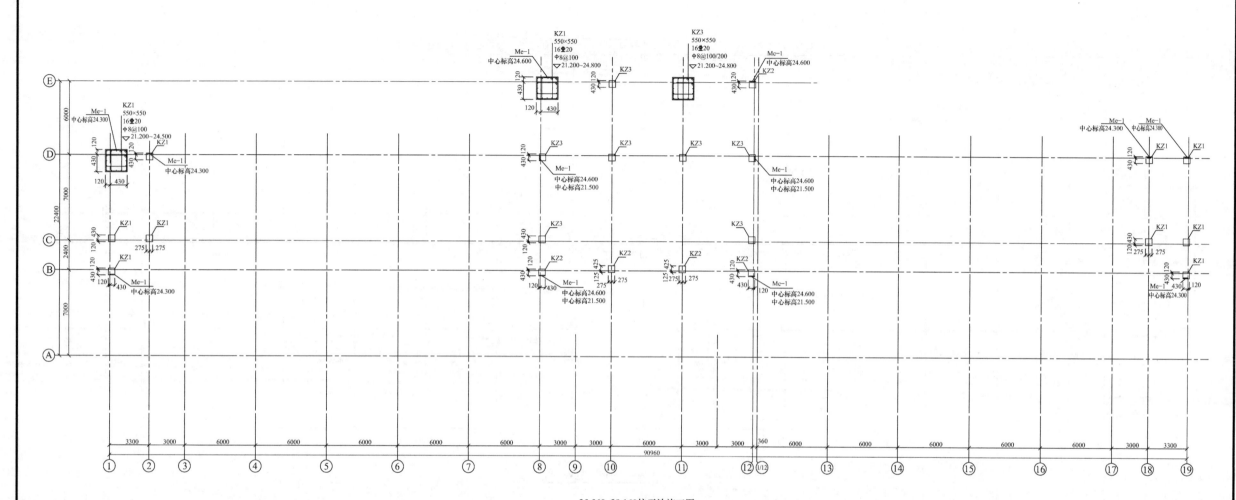

25.560~29.160柱平法施工图 1:100

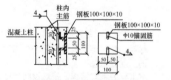

柱内电气接地预埋连接板做法(Me-1)

注：建筑防雷引下线在柱外侧分别设置预埋钢板100mm×100mm×10mm，钢板焊接2Φ10锚固钢筋，锚固钢筋与柱中作为引下线的主筋焊接牢固。

说明：
1. 材料：柱混凝土全部采用C30；钢筋牌号为HPB300(Φ)、HRB400(⊉)。
2. 钢筋混凝土保护层厚度：柱为35mm。
3. 本工程为框架结构，抗震设防烈度为8度，场地类别为三类，框架抗震等级为二级。
4. 框架柱配筋均采用平面整体表示法，具体做法参见16G101-1图集。
5. 未尽事宜详见设计说明。

×××市建筑设计研究院	审定人		校对人		工程名称	高层办公楼	图纸名称	25.560~29.160柱平法施工图	工程编号		阶段	施工图
	审核人		设计负责人								日期	
	项目负责人		设计人		项目名称	×××厂区			图号	结施09	比例	1:100

78

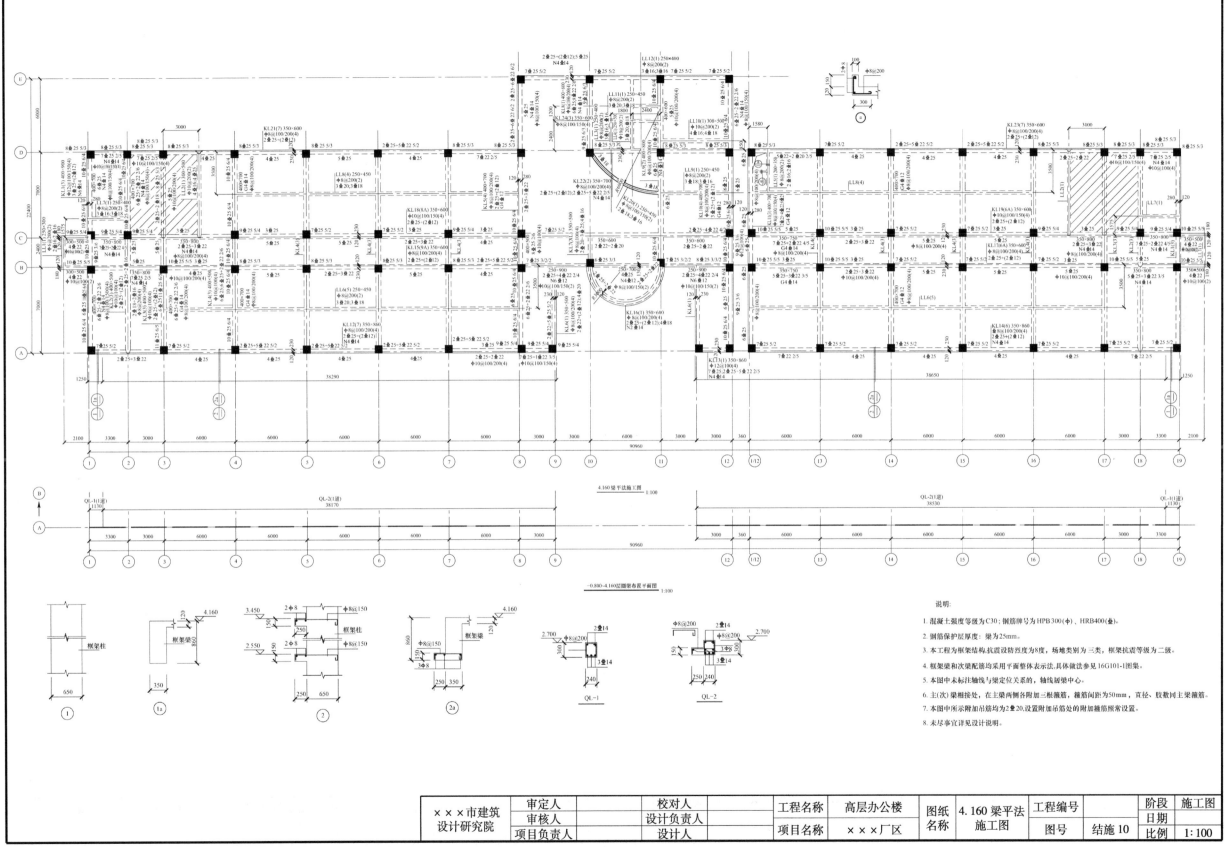

说明:
1. 混凝土强度等级为C30；钢筋牌号为HPB300(φ)、HRB400(Φ)。
2. 钢筋保护层厚度：梁为25mm。
3. 本工程为框架结构,抗震设防烈度为8度,场地类别为三类,框架抗震等级为二级。
4. 框架梁和次梁配筋均采用平面整体表示法,其具体做法参见16G101-1图集。
5. 本图中未标注轴线与梁定位关系的,轴线居梁中心。
6. 主(次)梁相接处,在主梁两侧各附加二根箍筋,箍筋间距为50mm,直径、肢数同主梁箍筋。
7. 本图中所示附加吊筋均为2Φ20,设置附加吊筋处的附加箍筋照常设置。
8. 未尽事宜详见设计说明。

×××市建筑设计研究院	审定人		校对人		工程名称	高层办公楼	图纸名称	4.160梁平法施工图	工程编号		阶段	施工图
	审核人		设计负责人								日期	
	项目负责人		设计人		项目名称	×××厂区			图号	结施10	比例	1:100

79

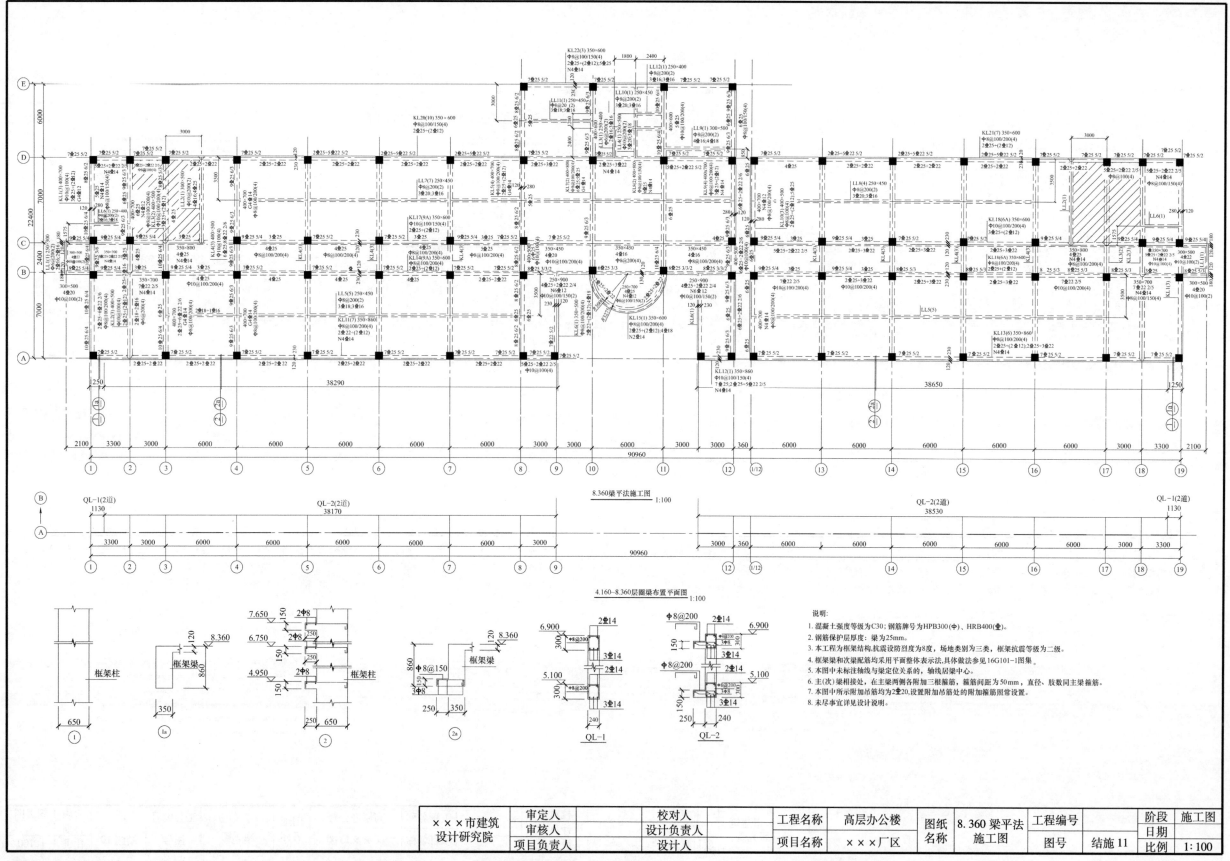

8.360梁平法施工图 1:100

4.160~8.360层圈梁布置平面图 1:100

说明:
1. 混凝土强度等级为C30；钢筋牌号为HPB300(中)、HRB400(虫)。
2. 钢筋保护层厚度：梁为25mm。
3. 本工程为框架结构,抗震设防烈度为8度,场地类别为三类,框架抗震等级为二级。
4. 框架梁和次梁配筋均采用平面整体表示法,具体做法参见16G101-1图集。
5. 本图中未标注轴线与梁定位关系的,轴线居梁中心。
6. 主(次)梁相接处,在主梁两侧各附加三根箍筋,箍筋间距为50mm,直径、肢数同主梁箍筋。
7. 本图中所示附加吊筋均为2虫20,设置附加吊筋处的附加箍筋照常设置。
8. 未尽事宜详见设计说明。

框架柱 ①
框架梁 1a
框架柱 ②
框架梁 2a
QL-1
QL-2

×××市建筑设计研究院	审定人		校对人		工程名称	高层办公楼	图纸名称	8.360梁平法施工图	工程编号		阶段	施工图
	审核人		设计负责人								日期	
	项目负责人		设计人		项目名称	×××厂区			图号	结施11	比例	1:100

80

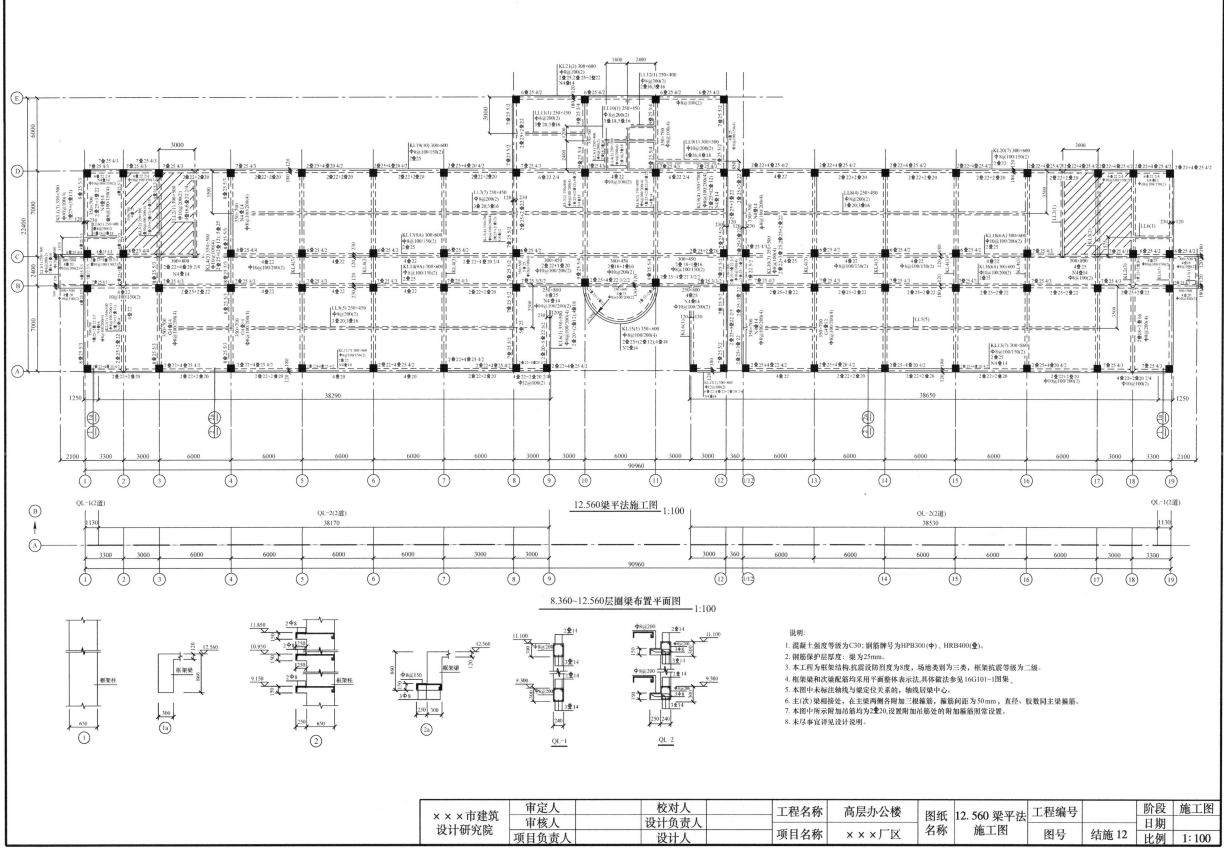

12.560梁平法施工图 1:100

8.360~12.560层圈梁布置平面图 1:100

说明:
1. 混凝土强度等级为C30;钢筋牌号为HPB300(Φ)、HRB400(Φ)。
2. 钢筋保护层厚度:梁为25mm。
3. 本工程为框架结构,抗震设防烈度为8度,场地类别为三类,框架抗震等级为二级。
4. 框架梁和次梁配筋均采用平面整体表示法,具体做法参见16G101-1图集。
5. 本图中未标注轴线与梁定位关系的,轴线居梁中心。
6. 主(次)梁相接处,在主梁两侧各附加三根箍筋,箍筋间距为50mm,直径、肢数同主梁箍筋。
7. 本图中所示附加吊筋均为2Φ20,设置附加吊筋处的附加箍筋照常设置。
8. 未尽事宜详见设计说明。

×××市建筑设计研究院	审定人		校对人		工程名称	高层办公楼	图纸名称	12.560梁平法施工图	工程编号		阶段	施工图
	审核人		设计负责人								日期	
	项目负责人		设计人		项目名称	×××厂区	图号	结施12			比例	1:100

81

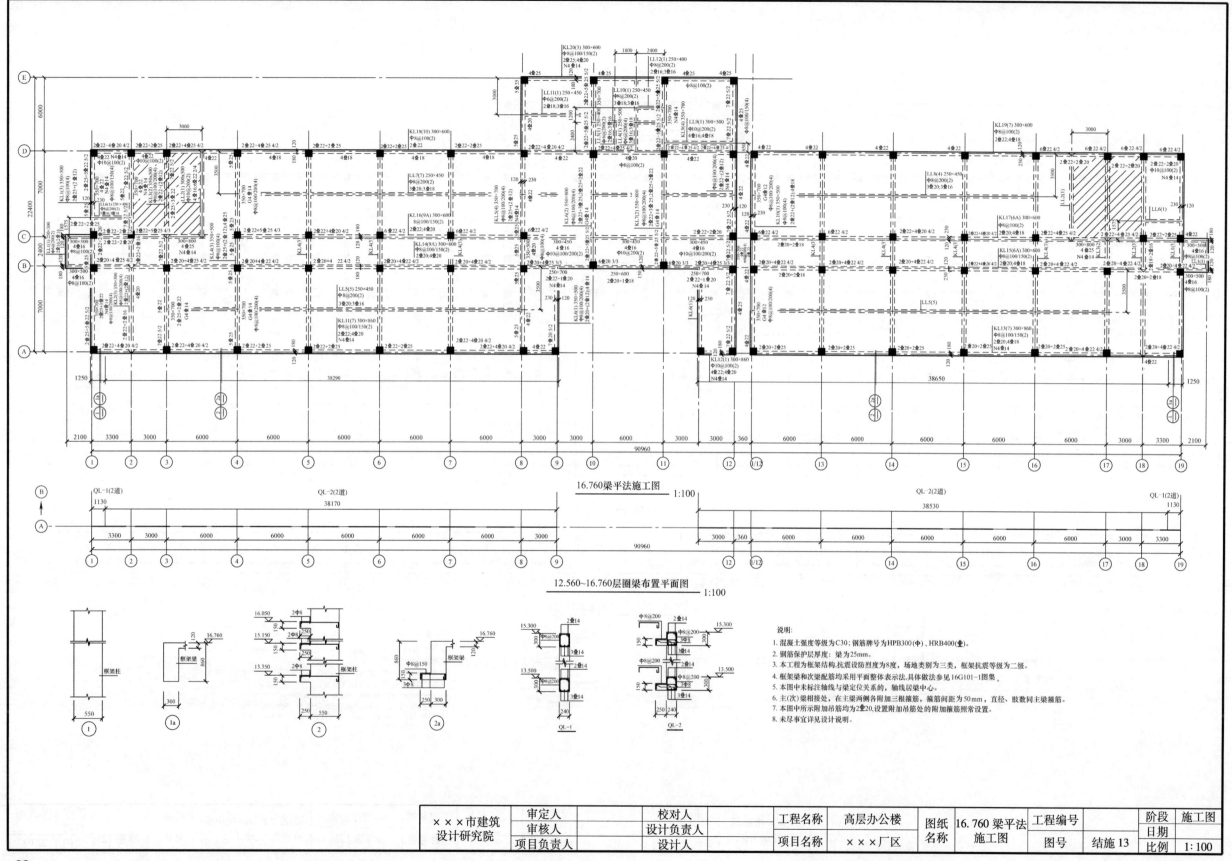

16.760梁平法施工图 1:100

12.560~16.760层圈梁布置平面图 1:100

说明:
1. 混凝土强度等级为C30;钢筋牌号为HPB300(Φ)、HRB400(Φ)。
2. 钢筋保护层厚度: 梁为25mm。
3. 本工程为框架结构,抗震设防烈度为8度,场地类别为三类,框架抗震等级为二级。
4. 框架梁和次梁配筋均采用平面整体表示法,具体做法参见16G101-1图集。
5. 本图中未标注轴线与梁定位关系的,轴线居梁中心。
6. 主(次)梁相接处,在主梁两侧各附加三根箍筋,箍筋间距为50mm,直径、肢数同主梁箍筋。
7. 本图中所示附加吊筋均为2Φ20,设置附加吊筋处的附加箍筋照常设置。
8. 未尽事宜详见设计说明。

×××市建筑设计研究院	审定人		校对人		工程名称	高层办公楼	图纸名称	16.760梁平法施工图	工程编号		阶段	施工图
	审核人		设计负责人								日期	
	项目负责人		设计人		项目名称	×××厂区	图号	结施13			比例	1:100

82

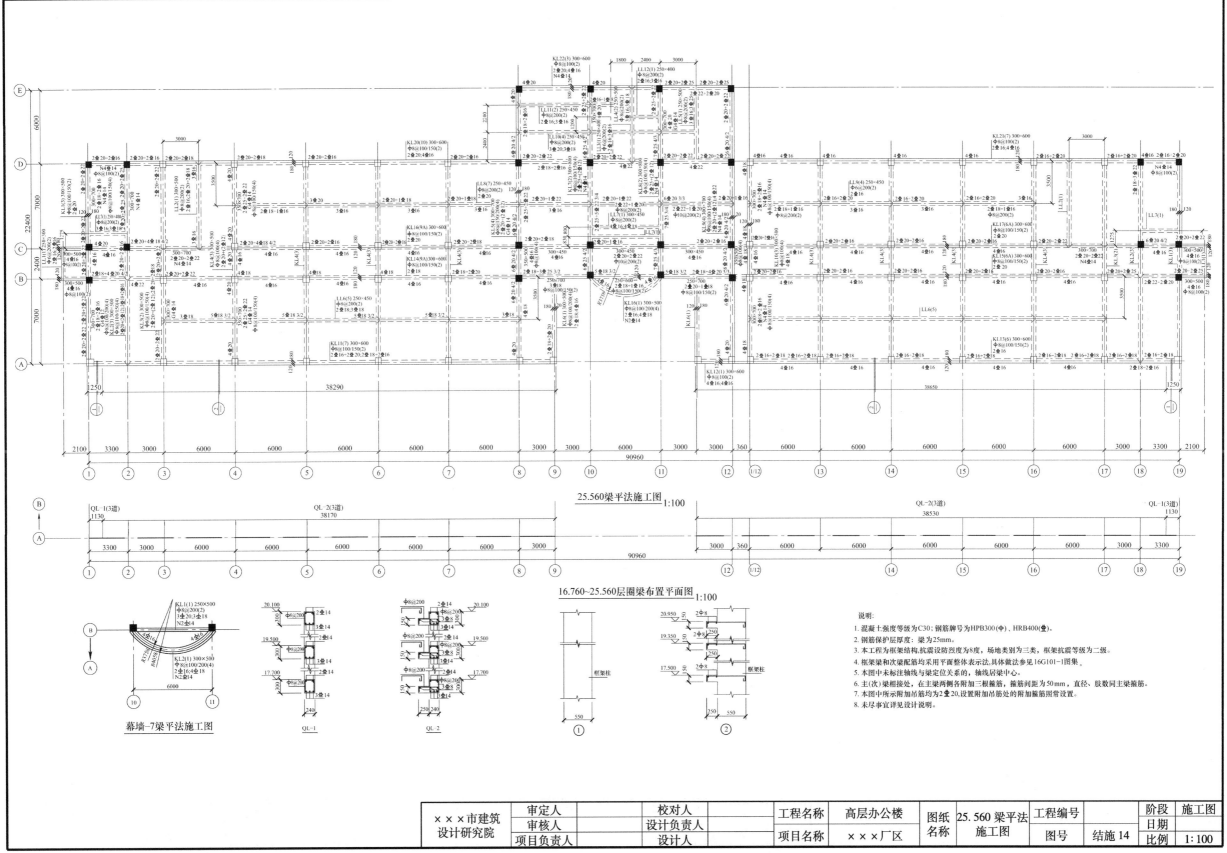

25.560梁平法施工图 1:100

16.760~25.560层圈梁布置平面图 1:100

幕墙-7梁平法施工图

QL-1

QL-2

说明:
1. 混凝土强度等级为C30; 钢筋牌号为HPB300(Φ)、HRB400(Φ)。
2. 钢筋保护层厚度: 梁为25mm。
3. 本工程为框架结构,抗震设防烈度为8度,场地类别为三类,框架抗震等级为二级。
4. 框架梁和次梁配筋均采用平面整体表示法,具体做法参见16G101-1图集。
5. 本图中未标注轴线与梁定位关系的,轴线居梁中心。
6. 主(次)梁相接处,在主梁两侧各附加三根箍筋,箍筋间距为50mm,直径、肢数同主梁箍筋。
7. 本图中所示附加吊筋均为2Φ20,设置附加吊筋处的附加箍筋照常设置。
8. 未尽事宜详见设计说明。

×××市建筑设计研究院	审定人		校对人		工程名称	高层办公楼	图纸名称	25.560梁平法施工图	工程编号		阶段	施工图
	审核人		设计负责人								日期	
	项目负责人		设计人		项目名称	×××厂区			图号	结施14	比例	1:100

83

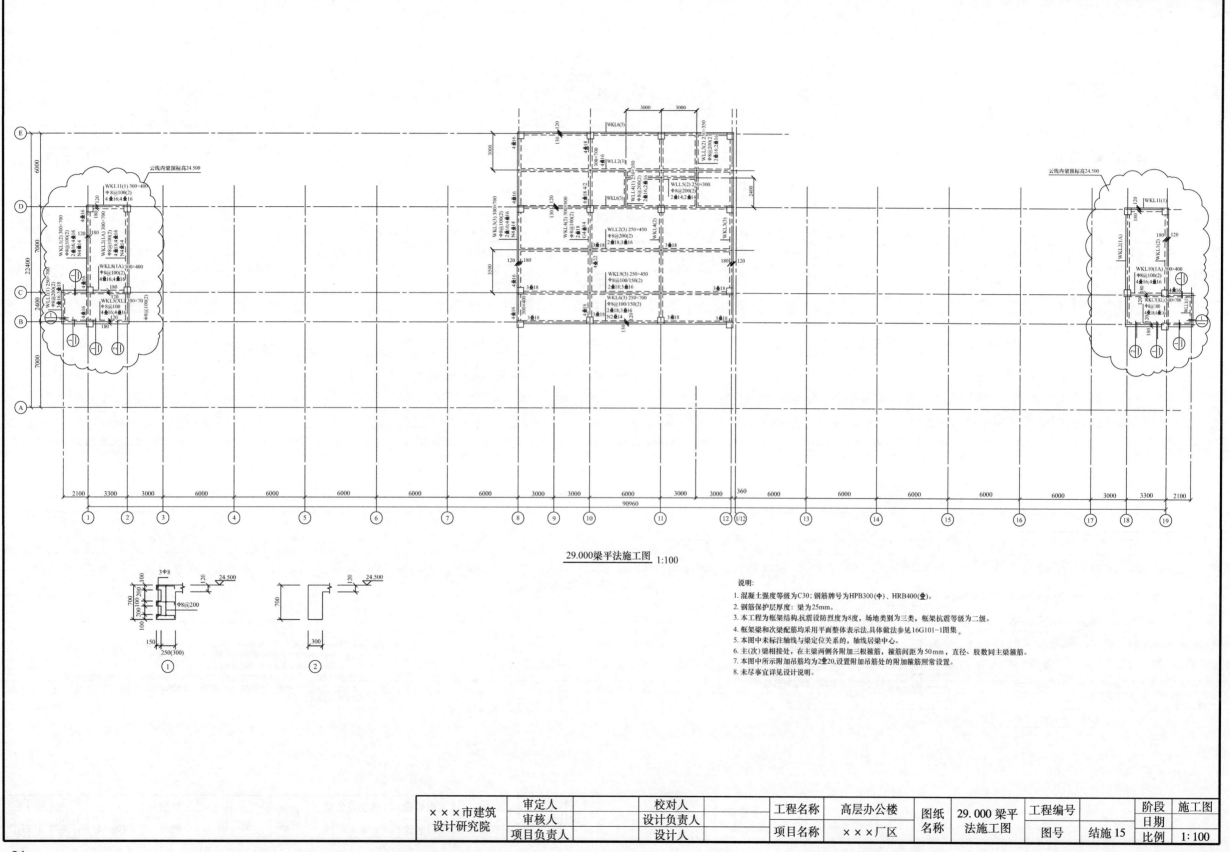

29.000梁平法施工图 1:100

说明:
1. 混凝土强度等级为C30;钢筋牌号为HPB300(Φ)、HRB400(Φ)。
2. 钢筋保护层厚度:梁为25mm。
3. 本工程为框架结构,抗震设防烈度为8度,场地类别为三类,框架抗震等级为二级。
4. 框架梁和次梁配筋均采用平面整体表示法,具体做法参见16G101-1图集。
5. 本图中未标注轴线与梁定位关系的,轴线居梁中心。
6. 主(次)梁相接处,在主梁两侧各附加三根箍筋,箍筋间距为50mm,直径、肢数同主梁箍筋。
7. 本图中所示附加吊筋均为2Φ20,设置附加吊筋处的附加箍筋照常设置。
8. 未尽事宜详见设计说明。

×××市建筑 设计研究院	审定人		校对人		工程名称	高层办公楼	图纸 名称	29.000 梁平 法施工图	工程编号		阶段	施工图
	审核人		设计负责人								日期	
	项目负责人		设计人		项目名称	×××厂区			图号	结施15	比例	1:100

84

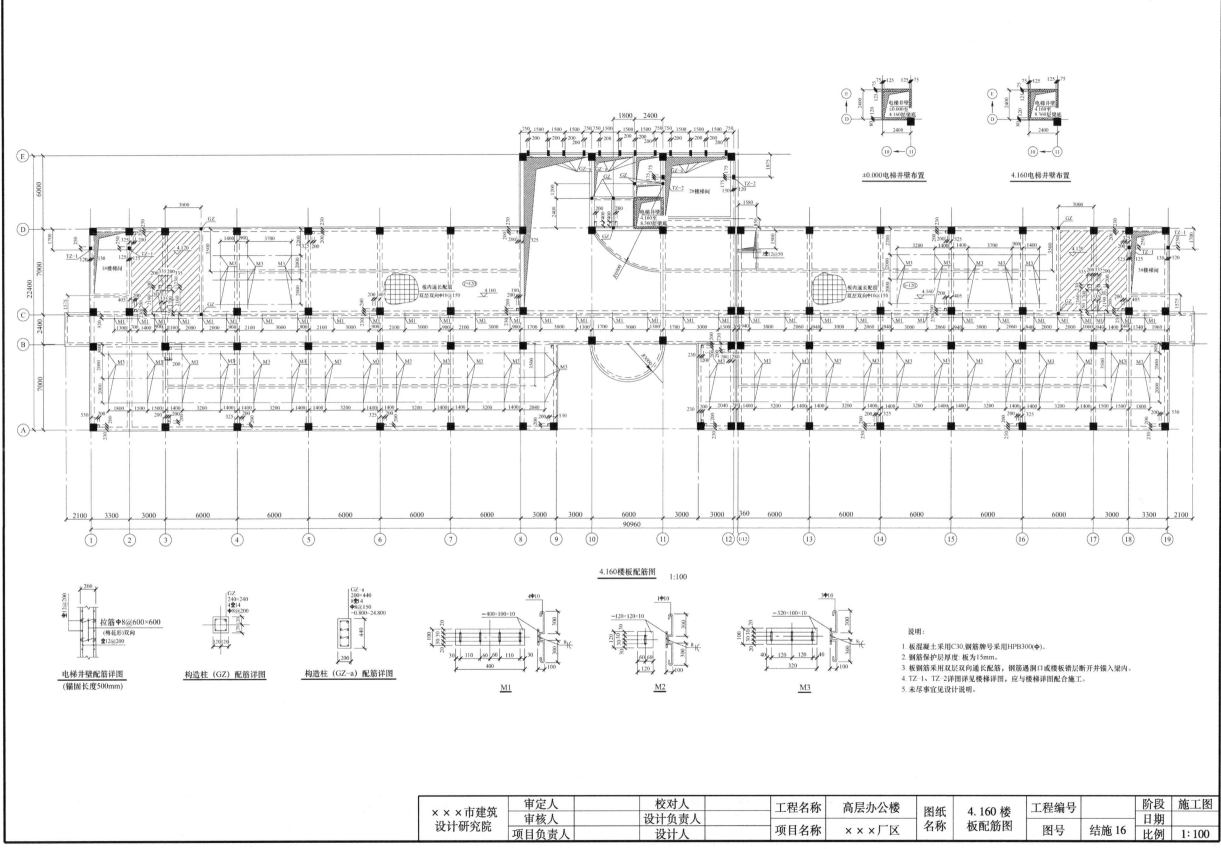

4.160楼板配筋图 1:100

电梯井壁配筋详图
(锚固长度500mm)

构造柱（GZ）配筋详图

构造柱（GZ-a）配筋详图

M1

M2

M3

±0.000电梯井壁布置

4.160电梯井壁布置

说明：
1. 板混凝土采用C30,钢筋牌号采用HPB300(Φ)。
2. 钢筋保护层厚度：板为15mm。
3. 板钢筋采用双层双向通长配筋，钢筋遇洞口或楼板错层断开并锚入梁内。
4. TZ-1、TZ-2详图详见楼梯详图，应与楼梯详图配合施工。
5. 未尽事宜见设计说明。

×××市建筑设计研究院	审定人		校对人		工程名称	高层办公楼	图纸名称	4.160楼板配筋图	工程编号		阶段	施工图
	审核人		设计负责人								日期	
	项目负责人		设计人		项目名称	×××厂区			图号	结施16	比例	1:100

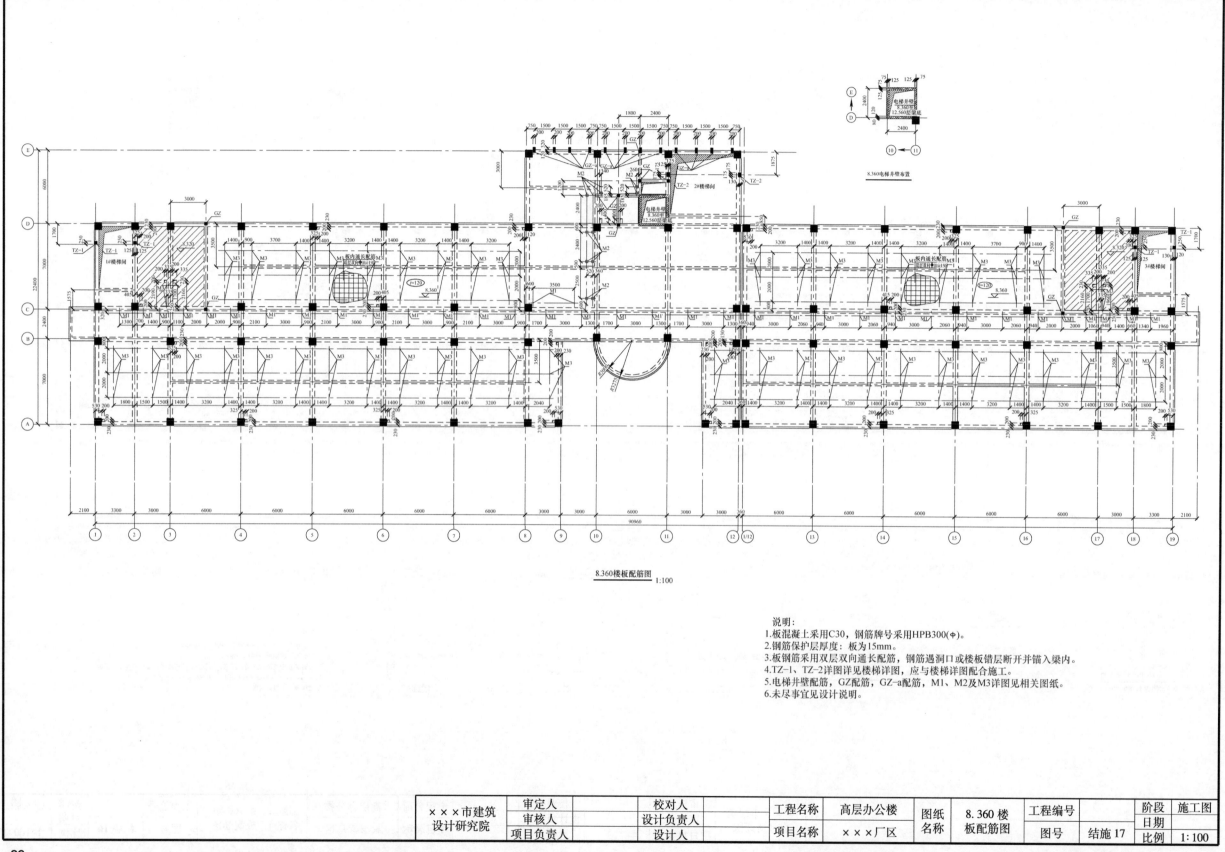

8.360楼板配筋图
1:100

说明:
1.板混凝土采用C30,钢筋牌号采用HPB300(Φ)。
2.钢筋保护层厚度:板为15mm。
3.板钢筋采用双层双向通长配筋,钢筋遇洞口或楼板错层断开并锚入梁内。
4.TZ-1、TZ-2详图详见楼梯详图,应与楼梯详图配合施工。
5.电梯井壁配筋,GZ配筋,GZ-a配筋,M1、M2及M3详图见相关图纸。
6.未尽事宜见设计说明。

×××市建筑 设计研究院	审定人		校对人		工程名称	高层办公楼	图纸 名称	8.360楼 板配筋图	工程编号		阶段	施工图
	审核人		设计负责人								日期	
	项目负责人		设计人		项目名称	×××厂区			图号	结施17	比例	1:100

86

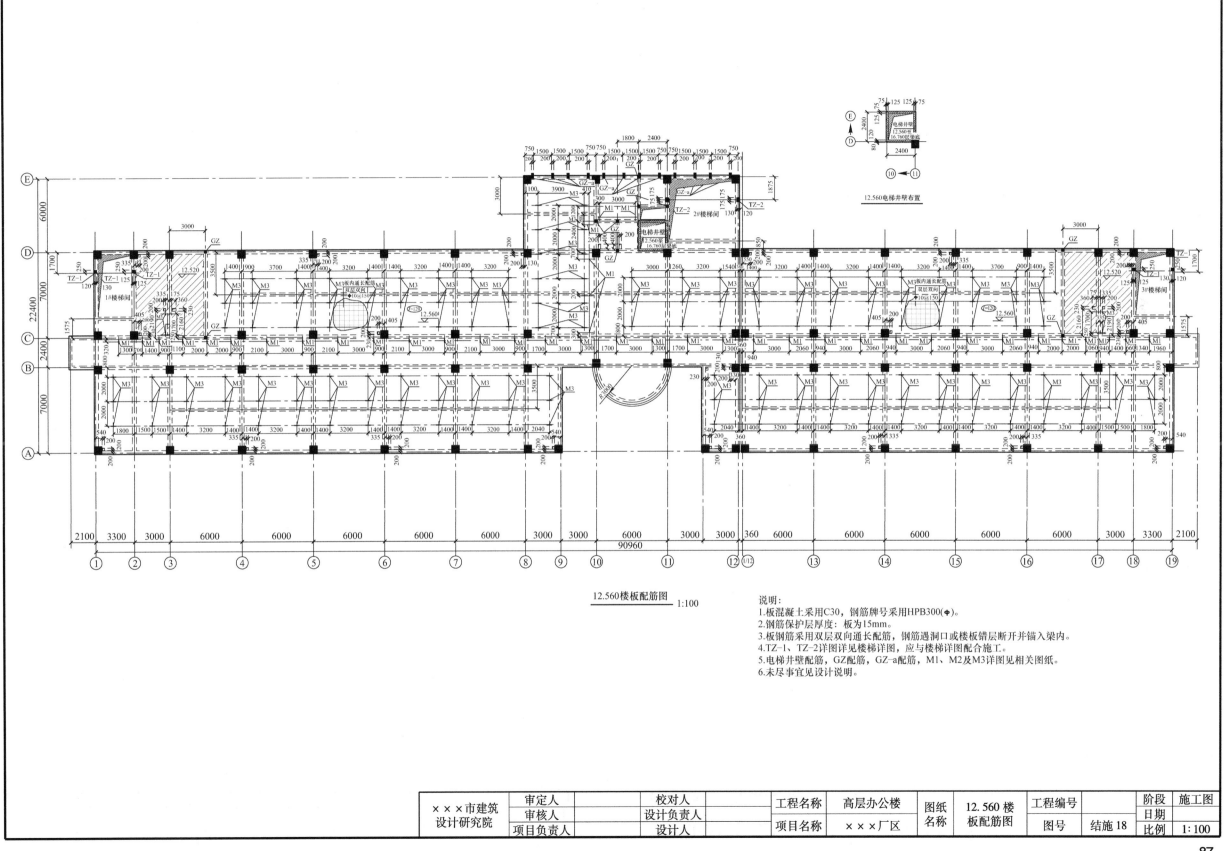

12.560楼板配筋图 1:100

说明:
1.板混凝土采用C30,钢筋牌号采用HPB300(Φ)。
2.钢筋保护层厚度:板为15mm。
3.板钢筋采用双层双向通长配筋,钢筋遇洞口或楼板错层断开并锚入梁内。
4.TZ-1、TZ-2详图详见楼梯详图,应与楼梯详图配合施工。
5.电梯井壁配筋,GZ配筋,GZ-a配筋,M1、M2及M3详图见相关图纸。
6.未尽事宜见设计说明。

×××市建筑设计研究院	审定人		校对人		工程名称	高层办公楼	图纸名称	12.560楼板配筋图	工程编号		阶段	施工图
	审核人		设计负责人								日期	
	项目负责人		设计人		项目名称	×××厂区			图号	结施18	比例	1:100

87

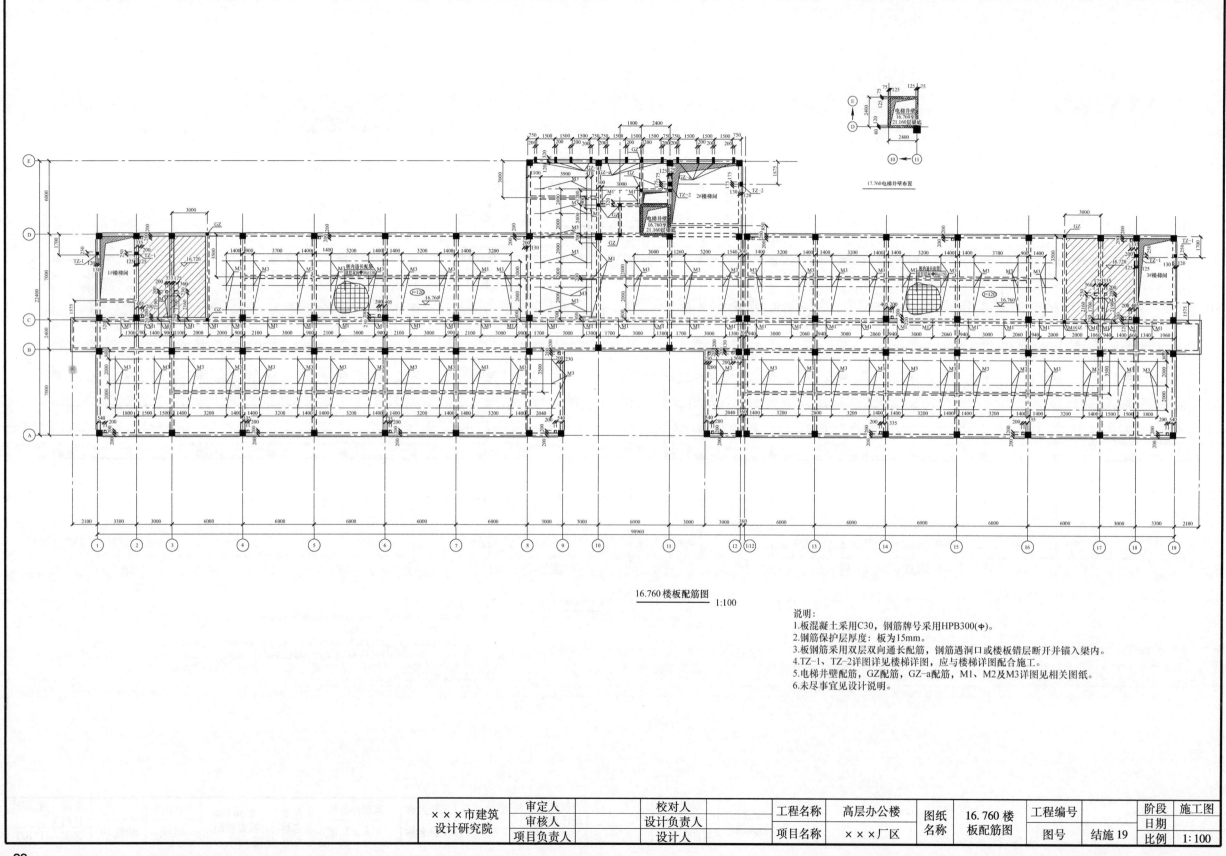

16.760楼板配筋图
1:100

说明：
1.板混凝土采用C30，钢筋牌号采用HPB300(Φ)。
2.钢筋保护层厚度：板为15mm。
3.板钢筋采用双层双向通长配筋，钢筋遇洞口或楼板错层断开并锚入梁内。
4.TZ-1、TZ-2详图详见楼梯详图，应与楼梯详图配合施工。
5.电梯井壁配筋，GZ配筋，GZ-a配筋，M1、M2及M3详图见相关图纸。
6.未尽事宜见设计说明。

×××市建筑设计研究院	审定人		校对人		工程名称	高层办公楼	图纸名称	16.760楼板配筋图	工程编号		阶段	施工图
	审核人		设计负责人								日期	
	项目负责人		设计人		项目名称	×××厂区			图号	结施19	比例	1:100

88

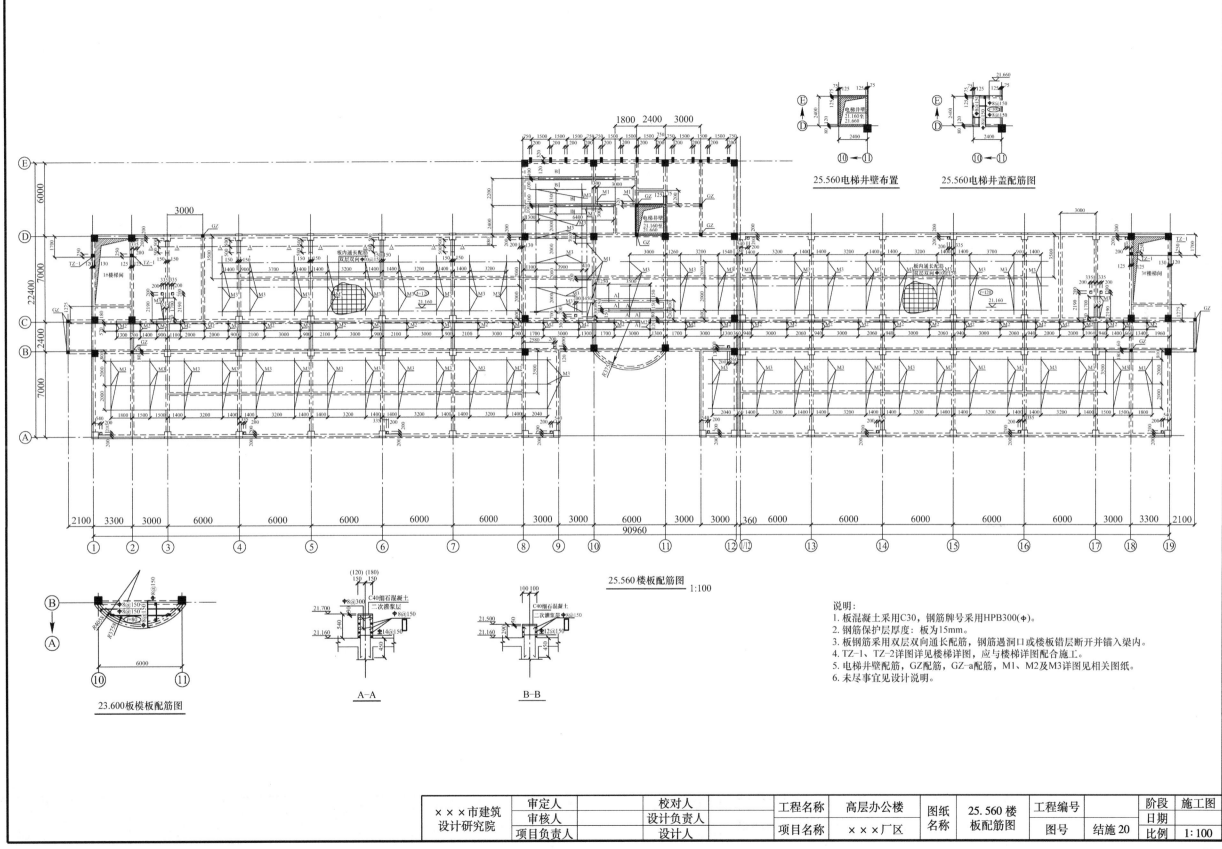

25.560电梯井壁布置

25.560电梯井盖配筋图

25.560楼板配筋图
1:100

23.600板模板配筋图

A—A

B—B

说明:
1. 板混凝土采用C30,钢筋牌号采用HPB300(Φ)。
2. 钢筋保护层厚度:板为15mm。
3. 板钢筋采用双层双向通长配筋,钢筋遇洞口或楼板错层断开并锚入梁内。
4. TZ-1、TZ-2详图详见楼梯详图,应与楼梯详图配合施工。
5. 电梯井壁配筋,GZ配筋,GZ-a配筋,M1、M2及M3详图见相关图纸。
6. 未尽事宜见设计说明。

×××市建筑设计研究院	审定人		校对人		工程名称	高层办公楼	图纸名称	25.560楼板配筋图	工程编号		阶段	施工图
	审核人		设计负责人						日期			
	项目负责人		设计人		项目名称	×××厂区	图号	结施20	比例	1:100		

89

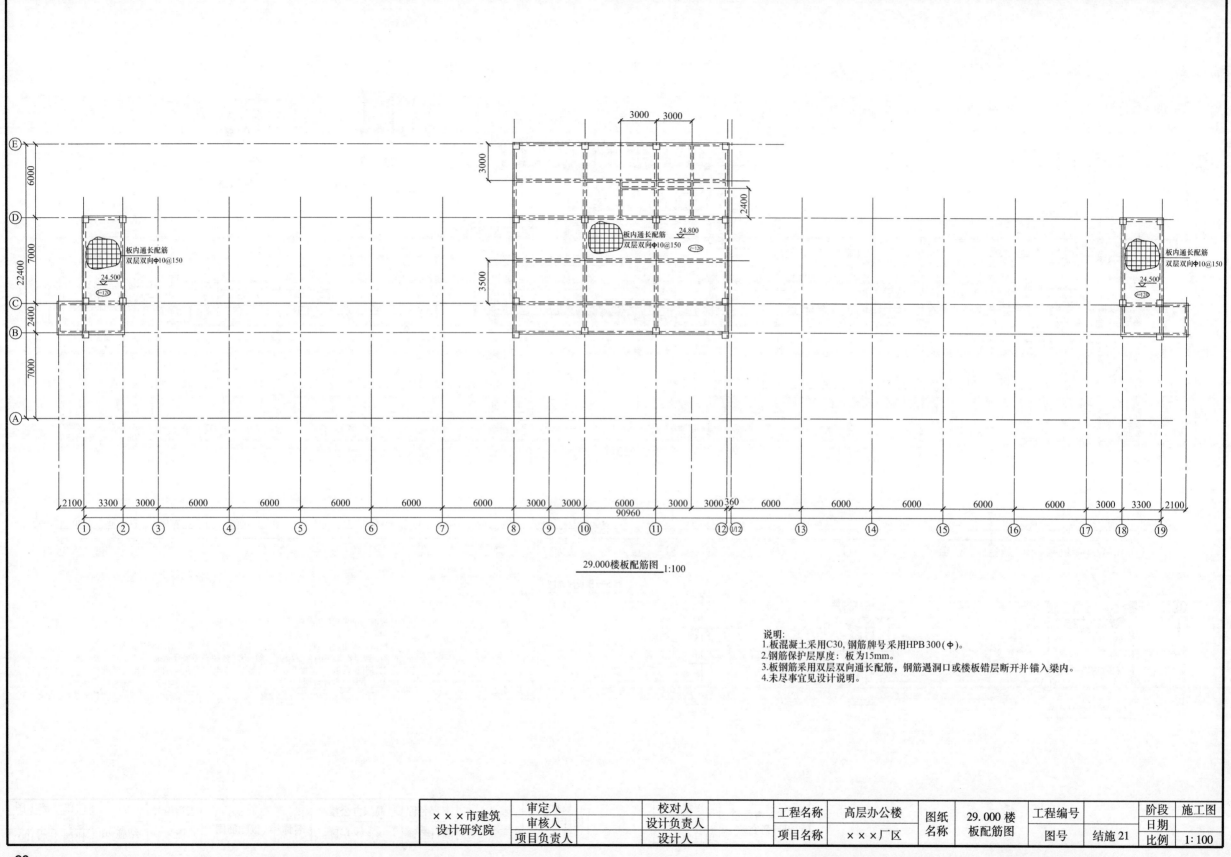

29.000楼板配筋图 1:100

说明:
1. 板混凝土采用C30,钢筋牌号采用HPB 300(Φ)。
2. 钢筋保护层厚度:板为15mm。
3. 板钢筋采用双层双向通长配筋,钢筋遇洞口或楼板错层断开并锚入梁内。
4. 未尽事宜见设计说明。

×××市建筑设计研究院	审定人		校对人		工程名称	高层办公楼	图纸名称	29.000楼板配筋图	工程编号		阶段	施工图
	审核人		设计负责人								日期	
	项目负责人		设计人		项目名称	×××厂区			图号	结施21	比例	1:100

90

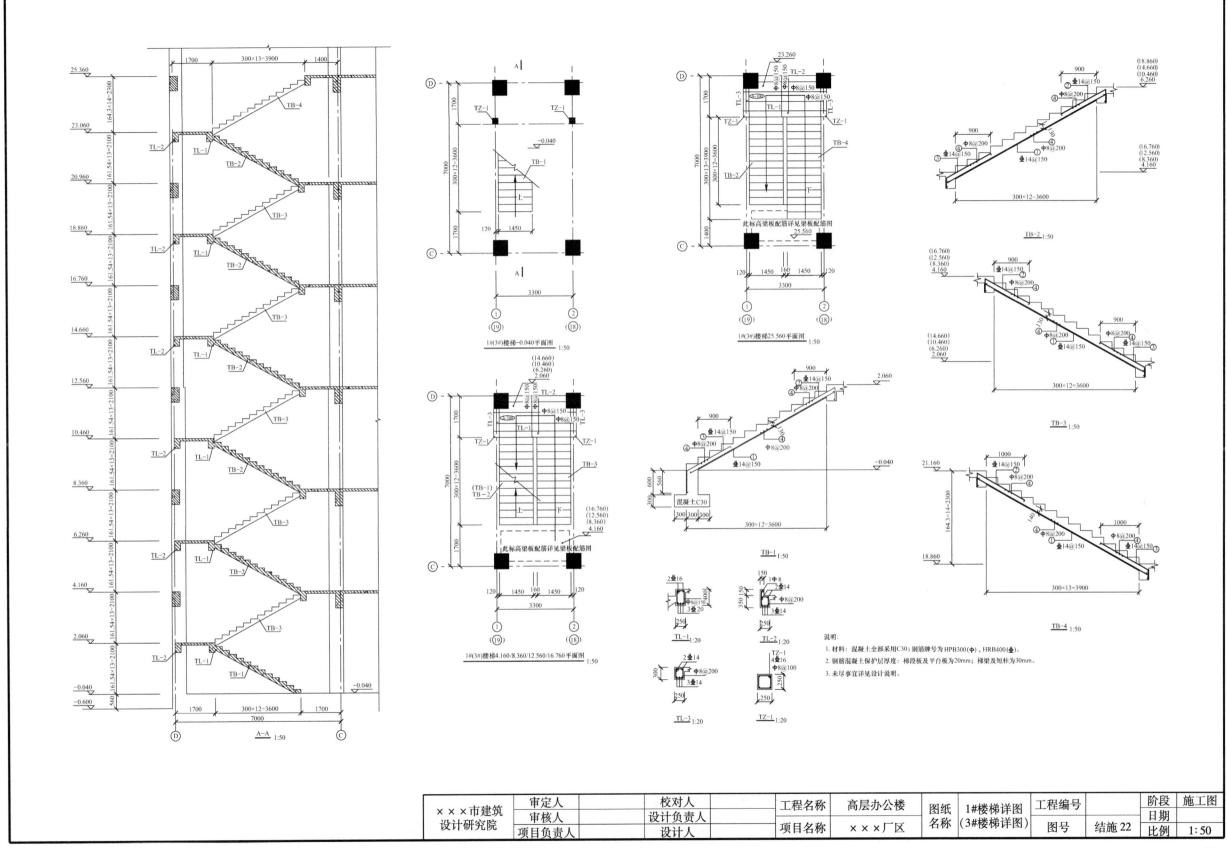

说明:
1. 材料: 混凝土全部采用C30; 钢筋牌号为HPB300(Φ)、HRB400(Φ)。
2. 钢筋混凝土保护层厚度: 梯段板及平台板为20mm; 梯梁及短柱为30mm。
3. 未尽事宜详见设计说明。

×××市建筑 设计研究院	审定人		校对人		工程名称	高层办公楼	图纸 名称	1#楼梯详图 (3#楼梯详图)	工程编号		阶段	施工图
	审核人		设计负责人								日期	
	项目负责人		设计人		项目名称	×××厂区			图号	结施22	比例	1:50

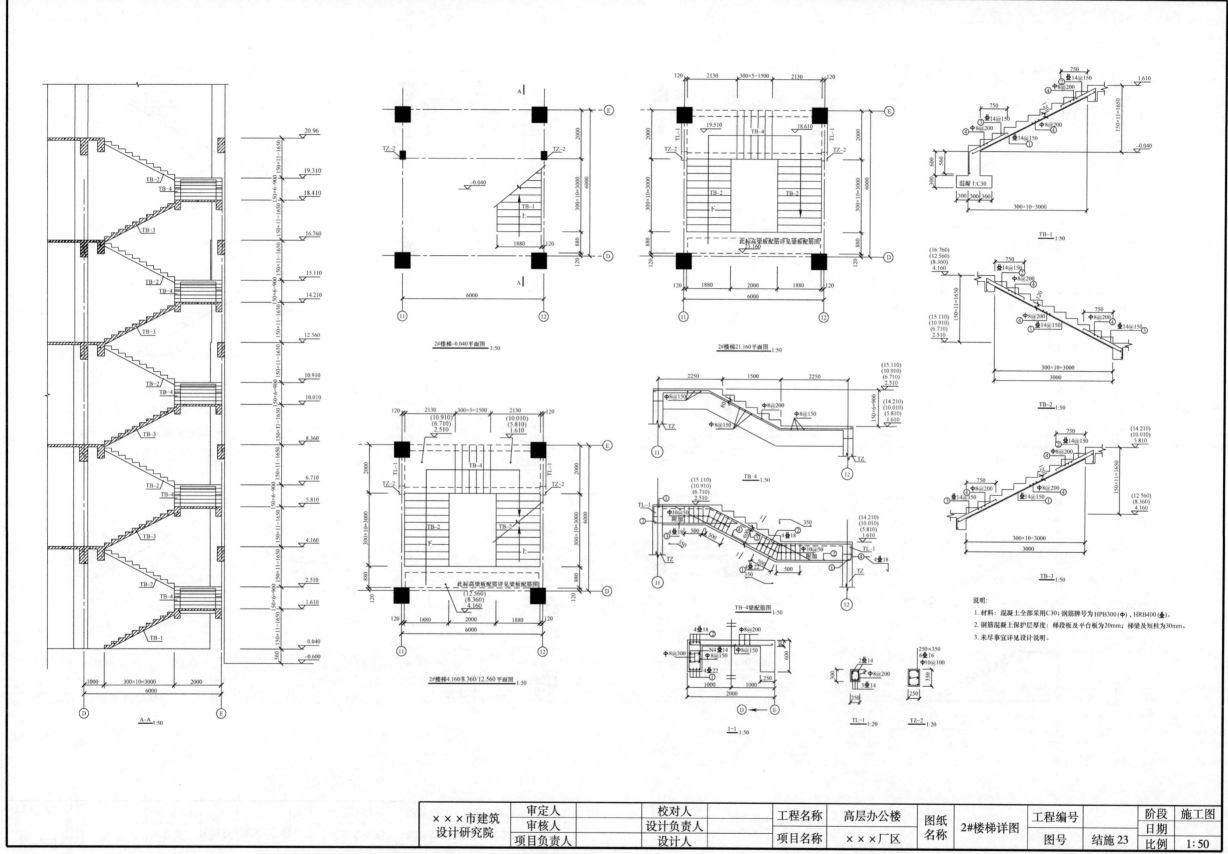

说明:
1. 材料:混凝土全部采用C30;钢筋牌号为HPB300(Φ)、HRB400(Φ)。
2. 钢筋混凝土保护层厚度:梯段板及平台板为20mm;梯梁及短柱为30mm。
3. 未尽事宜详见设计说明。

2#楼梯-0.040平面图 1:50

2#楼梯21.160平面图 1:50

2#楼梯4.160/8.360/12.560平面图 1:50

A-A 1:50

TB-1 1:50

TB-2 1:50

TB-3 1:50

TB-4 1:50

TB-4梁配筋图 1:50

1-1 1:50

TL-1 1:20

TZ-2 1:20

×××市建筑设计研究院	审定人		校对人		工程名称	高层办公楼	图纸名称	2#楼梯详图	工程编号		阶段	施工图
	审核人		设计负责人								日期	
	项目负责人		设计人		项目名称	×××厂区	图号	结施23			比例	1:50

3.3 高层办公楼识图习题

3.3.1 建筑施工图识图习题

1. 本工程中的结构形式为（　　）结构。
A. 木　　　　　B. 砖混　　　　　C. 钢筋混凝土框架　　　　　D. 钢

2. 本工程中门 M-5 的洞口尺寸（高×宽）为（　　）。
A. 800mm×2100mm　　　　　B. 2100mm×800mm
C. 1000mm×2100mm　　　　　D. 2100mm×1000mm

3. 建筑施工中常用到不同强度等级的水泥，其水泥强度根据（　　）确定的。
A. 抗拉强度　　B. 抗压强度　　C. 抗剪强度　　　　D. 抗冲击强度

4. 本工程中无障碍坡道坡度为（　　）。
A. 1:12　　　　B. 1:10　　　　C. 1:8　　　　　D. 1:9

5. 卫生间和有防水要求的建筑物楼面必须设置（　　）。
A. 找平层　　　B. 找坡层　　　C. 防水隔离层　　　　D. 隔汽层

6. 本工程墙身防潮层为（　　）。
A. 防水砂浆防潮层　　　　　B. 油毡防潮层
C. 细石混凝土防潮层　　　　D. 垂直防潮层

7. 本工程外墙的保温材料为（　　）。
A. 挤塑聚苯板　　　　　　　B. 超细玻纤保温棉
C. 50mm 厚岩棉保温板　　　D. 膨胀聚苯板

8. 本工程散水宽度为（　　）mm。
A. 600　　　　B. 800　　　　C. 1000　　　　D. 1200

9. 本工程女厕所蹲位的门宽为（　　）mm。
A. 600　　　　B. 900　　　　C. 1260　　　　D. 无法确定

10. 本工程 1#楼梯 ±0.000 处的栏杆扶手高度为（　　）mm。
A. 900　　　　B. 1050　　　　C. 1100　　　　D. 1150

11. 本工程建筑耐火等级和屋顶防水等级分别为（　　）。
A. 一级、一级　B. 一级、二级　C. 二级、一级　　D. 二级、二级

12. 本工程 3#楼梯护窗栏杆高度为（　　）mm。
A. 1050　　　　B. 1100　　　　C. 1150　　　　D. 1200

13. 下列哪个材料不是本工程外墙装饰材料（　　）。
A. 深灰色或黑色毛石　　　　B. 黑色大理石
C. 外挂铝板　　　　　　　　D. PVC 外墙挂板

14. 本工程外围护墙体砌筑时，标高 ±0.000 以上用（　　）砌筑。
A. M5 混合砂浆　　　　　　B. M7.5 混合砂浆
C. M5 水泥砂浆　　　　　　D. M7.5 水泥砂浆

15. 本工程玻璃厚度为（　　）mm。
A. 10　　　　　B. 15　　　　　C. 20　　　　　D. 25

16. 本工程屋面保温材料为（　　）。
A. 岩棉　　　　B. 矿棉　　　　C. 聚苯板　　　　D. 聚氨酯泡沫塑料

17. 本工程屋顶雨篷宽度为（　　）mm。
A. 1000　　　　B. 1100　　　　C. 1200　　　　D. 1500

18. 本工程屋面排水坡度为（　　）。
A. 0.5%　　　　B. 1%　　　　　C. 2%　　　　　D. 3%

19. 本工程不上人屋面女儿墙高度为（　　）mm。
A. 600　　　　B. 900　　　　C. 1200　　　　D. 1500

20. 本工程男（女）卫生间的防水材料为（　　）。
A. 防水砂浆　　　　　　　　B. 聚氨酯防水涂料
C. SBS 聚酯胎改性沥青防水卷材　　D. JS 聚合物水泥基防水涂料

21. 本工程外装修铝板尺寸（宽×高）为（　　）。
A. 600mm×900mm　B. 900mm×600mm　C. 300mm×150mm　D. 150mm×300mm

22. 本工程幕墙采用玻璃类型为（　　）。
A. 着色玻璃　　B. Low-E 玻璃　　C. 低辐射玻璃　　D. 阳光控制镀膜玻璃

23. 本工程散水伸缩缝间隔距离为（　　）m。
A. 2　　　　　　B. 4　　　　　　C. 6　　　　　　D. 8

24. 本工程电梯门洞口高度为（　　）mm。
A. 2100　　　　B. 2200　　　　C. 2300　　　　D. 2400

25. 本工程无障碍厕所有（　　）个。
A. 0　　　　　　B. 1　　　　　　C. 2　　　　　　D. 3

26. 本工程房屋室内外高差为（　　）mm。
A. 150　　　　　B. 300　　　　　C. 450　　　　　D. 600

27. 本工程电梯底坑深度为（　　）mm。
A. 1300　　　　B. 1400　　　　C. 1500　　　　D. 1600

28. 本工程 M-3 的名称为（　　）。
A. 木平开门　　B. 木平开百叶门　C. 木推拉门　　D. 铝合金平开门

29. 本工程 3#楼梯楼层平台宽度为（　　）mm。
A. 1380　　　　B. 1460　　　　C. 1580　　　　D. 1700

30. 2#楼梯梯井宽度为（　　）mm。
A. 60　　　　　B. 100　　　　　C. 160　　　　　D. 2000

31. 本工程室外台阶面层板材为（　　）。
A. 10mm 厚磨光大理石板　　　　B. 20mm 厚磨光大理石板
C. 30mm 厚 C20 细石混凝土　　　D. 20mm 厚 C20 细石混凝土

32. 本工程室内踢脚板高度为（　　）mm。
A. 100　　　　　B. 150　　　　　C. 200　　　　　D. 250

33. 本工程变形缝宽度为（　　）。
A. 120　　　　　B. 240　　　　　C. 360　　　　　D. 以上都不对

34. 本工程室外台阶踢面高度为（　　）mm。
A. 145　　　　　B. 150　　　　　C. 165　　　　　D. 200

35. 本工程①轴~⑲轴为（　　）立面。
A. 东　　　　　B. 西　　　　　C. 南　　　　　D. 北

36. 本工程卫生间的出图比例为（　　）。
A. 1:20　　　　B. 1:25　　　　C. 1:50　　　　D. 1:100

37. 室内楼梯梯段净高不得小于（　　）mm。
A. 2000　　　　B. 2100　　　　C. 2200　　　　D. 2300

38. 本工程 M-7 门洞口尺寸（宽×高）为（　　）。
A. 1200mm×2700mm　B. 2700mm×1200mm　C. 3000mm×2700mm　D. 2700mm×3000mm

39. 本工程首层平面图中，卫生间与楼地面高差为（　　）mm。
A. 30　　　　　B. 20　　　　　C. 15　　　　　D. 10

40. 本工程接待室的进深为（　　）mm。
A. 6000　　　　B. 5760　　　　C. 7000　　　　D. 6760

3.3.2 结构施工图识图习题

1. 本工程 ±0.000 相当于绝对标高（ ）m（黄海高程），本图所注标高为相对标高。
   A. 0.000　　　　 B. 1.100　　　　 C. 3.100　　　　 D. 4.100
2. 承台详图中，CT-7 的桩顶标高均为（ ）m（相对标高）。
   A. 0.000　　　　 B. 1.100　　　　 C. 1.900　　　　 D. 4.100
3. 桩位平面布置图中，管桩共（ ）根。
   A. 1000　　　　 B. 666　　　　 C. 400　　　　 D. 313
4. 板钢筋采用双层双向通长配筋，钢筋遇洞口或楼板错层应（ ）锚入梁内。
   A. 断开　　　　 B. 连接　　　　 C. 直锚　　　　 D. 弯锚
5. 主（次）梁相交处，在主梁两侧各附加三根箍筋，箍筋间距为（ ）mm，直径、肢数同主梁上的梁箍筋。
   A. 40　　　　 B. 50　　　　 C. 60　　　　 D. 70
6. 本工程为框架结构，抗震设防烈度为 8 度，场地类别为三类，框架抗震等级为（ ）级。
   A. 一　　　　 B. 二　　　　 C. 三　　　　 D. 四
7. 钢筋混凝土保护层厚度：地基梁为（ ）mm；电梯基坑壁板及底板为40mm。
   A. 40　　　　 B. 50　　　　 C. 60　　　　 D. 200
8. GZ-a 的截面尺寸为（ ）。
   A. 240mm×440mm　 B. 200mm×400mm　 C. 200mm×440mm　 D. 240mm×240mm
9. 螺旋箍筋的直径为（ ）mm。
   A. 14　　　　 B. 12　　　　 C. 10　　　　 D. 8
10. 垫层混凝土采用 C10；承台及其他混凝土全部采用（ ）。
    A. C10　　　　 B. C25　　　　 C. C30　　　　 D. C35
11. 本工程采用（ ）。
    A. 混凝土预制桩　 B. 钻孔灌注桩　 C. 木桩　　　　 D. 钢桩
12. 桩采用（ ）施工。
    A. 沉管法　　　 B. 锤击法　　　 C. 顶管法　　　 D. 静力压桩法
13. 本工程梁的钢筋混凝土保护层厚度为（ ）mm。
    A. 25　　　　 B. 35　　　　 C. 15　　　　 D. 45
14. 本工程板钢筋采用（ ）。
    A. HPB300　　　 B. HRB335　　　 C. HRB400　　　 D. HRB500
15. 本工程1#楼梯详图中的 TB3 为（ ）。
    A. 两边支承板　 B. 三边支承板　 C. 四边支承板　 D. 单边支承板
16. 本工程1#楼梯详图中 TL-3 的箍筋为（ ）。
    A. φ8@100 (2)　 B. φ8@150 (2)　 C. φ8@200 (2)　 D. 图中未明确
17. 本工程框架梁梁端设置的第一道箍筋离柱边缘的距离为（ ）。
    A. 50mm　　　 B. 1 倍箍筋间距　 C. 100mm　　　 D. 0.5 倍箍筋间距
18. 本工程8.360梁平法施工图中 LL1 (1) 的顶面钢筋为（ ）。
    A. 2⊈20　　　 B. 4⊈20　　　 C. 2⊈16　　　 D. 2⊈12
19. 8.360梁平法施工图中的 N4⊈14，表示梁腹部（ ）。
    A. 每侧配有 2⊈14 的抗扭筋　　　 B. 每侧配有 4⊈14 的构造筋
    C. 每侧配有 2⊈14 的构造筋　　　 D. 每侧配有 4⊈14 的抗扭筋
20. 本工程8.360~12.560柱平法施工图中 KZ3 箍筋为（ ）。
    A. φ10@100 (2)　 B. ⊈10@200 (2)　 C. ⊈10@100/200 (2)　 D. 图中未明确
21. 本工程4.160~8.360柱平法施工图中钢筋混凝土柱保护层厚度为（ ）mm。
    A. 25　　　　 B. 35　　　　 C. 40
22. 本工程8.360梁平法施工图的ⓒ轴上 KL17 (9A) 350×600，⑨轴至⑩轴中部的钢筋数量为

23. 本工程 12.560 梁平法施工图中Ⓑ轴上 KL14 (9A) 300×600 在①轴处悬挑部位的下部箍筋的加密情况为（ ）。
    A. 悬挑梁身 1/3 处加密　　　　 B. 悬挑梁身 1/4 加密
    C. 全部加密　　　　　　　　　 D. 全部不加密
24. 本工程 12.560 梁平法施工图中Ⓐ轴处 KL11 (7) 300×860 的钢筋 N4⊈14 为（ ）。
    A. 吊筋　　　 B. 角筋　　　 C. 构造筋　　　 D. 抗扭筋
25. 本工程 25.560 梁平法施工图中⑪轴的 KL8 (2) 300×800 在Ⓓ轴与Ⓔ轴之间的尺寸为( )。
    A. 300mm×700mm　 B. 300mm×750mm　 C. 300mm×800mm　 D. 300mm×850mm
26. 本工程 -0.800~4.160 柱平法施工图中 KZ1 的箍筋为（ ）。
    A. 双肢箍　　　 B. 三肢箍　　　 C. 四肢箍　　　 D. 五肢箍
27. 本工程 25.560 梁平法施工图中 KL13 (6) 在⑱轴支座处的箍筋间距为（ ）mm。
    A. 100　　　 B. 150　　　 C. 200　　　 D. 250
28. 本工程楼梯 TB-2 中的分布筋为（ ）。
    A. φ8@150　 B. φ8@150　 C. ⊈14@150　 D. ⊈14@200
29. 12.560 标高处 KZ3 的纵向钢筋共有（ ）根。
    A. 7　　　 B. 14　　　 C. 24　　　 D. 25
30. 本工程电梯井道底板下部钢筋为（ ）。
    A. ⊈12@150 双层双向　　　　 B. ⊈14@150 双层双向
    C. ⊈12@200 双层双向　　　　 D. ⊈12@150 下部、⊈12@200 上部
31. 板的受力钢筋间距，当板厚≤150mm 时，不应大于（ ）。
    A. 120mm　 B. 200mm　 C. 300mm　 D. 150mm
32. 柱中纵向受力钢筋直径不宜小于（ ）。
    A. 10mm　 B. 12mm　 C. 8mm　 D. 16mm
33. 当梁高 300mm < h≤500mm，剪力 V > 0.7ftbh₀ 时，箍筋的最大间距为（ ）。
    A. 150mm　 B. 200mm　 C. 300mm　 D. 350mm
34. 当圈梁被门窗洞口截断时，应在洞口上部增设与截面相同的附加圈梁，附加圈梁与圈梁的搭接长度不应小于垂直间距的 2 倍，且不能小于（ ）。
    A. 500mm　 B. 1000mm　 C. 1500mm　 D. 1800mm
35. 框架柱纵向钢筋直径大于（ ）时，不宜采用绑扎搭接接头。
    A. 25mm　 B. 28mm　 C. 12mm　 D. 30mm
36. 单向板肋梁楼盖设计，在连续梁内力计算中，由于（ ），对次梁考虑折算荷载。
    A. 次梁的塑性变形　　　　 B. 主梁对次梁的转动影响
    C. 次梁上荷载太大　　　　 D. 板上荷载直接传给主梁
37. 梁的纵向受力钢筋，当梁高≥300mm 时，其直径不应小于（ ）。
    A. 10mm　 B. 8mm　 C. 12mm　 D. 6mm
38. 钢筋混凝土圈梁的高度不应小于（ ）。
    A. 120mm　 B. 180mm　 C. 240mm　 D. 300mm
39. 下列关于构造柱，说法错误的是（ ）。
    A. 构造柱的作用是增强建筑物的整体刚度和稳定性
    B. 构造柱可以不与圈梁连接
    C. 构造柱的最小截面尺寸是 240mm×180mm
    D. 构造柱处的墙体宜砌成马牙槎
40. 钢筋混凝土门窗过梁应伸进墙内的支撑长度不应小于（ ）mm。
    A. 60　　　 B. 120　　　 C. 240　　　 D. 370

（ ）根。
A. 2　　　 B. 3　　　 C. 7　　　 D. 9

项目四 单层工业厂房识图

4.1 单层工业厂房建筑施工图

建筑设计说明

一、设计依据
(1) 经有关部门审核通过的本工程建筑方案设计。
(2) 甲方对本工程方案设计的修改意见。
(3) 建设工程规划红线及规划设计要求。
(4) 依据的规范：
1)《建筑设计防火规范》(GB 50016—2014)。
2)《工业建筑防腐蚀设计标准》(GB/T 50046—2018)。
3)《建筑制图标准》(GB/T 50104—2010)。
4)《建筑地面设计规范》(GB 50037—2013)。
5) 本工程结构形式为一层轻钢结构，砖墙围护。

二、建筑概况
(1) 本工程名称：×××有限公司2#厂房。
(2) 本工程建设单位：×××有限公司。
(3) 本工程建设地点：××市工业园。
(4) 本工程结构安全等级：二级。
(5) 本工程占地面积：2932m²。
(6) 本工程建筑面积：2932m²。
(7) 本工程防火等级：二级，生产类别为丁类。
(8) 本工程抗震设计：本工程位于地震动峰值加速度小于0.05g的地区，按非抗震设计。
(9) 本工程防雷设计：本工程防雷类别为三类。
(10) 本工程建筑高度：10.00m。
(11) 本工程结构设计基准期为50年，合理使用年限为25年。

三、设计标高
(1) 本工程尺寸除标高以米计算外，其余均以毫米为单位。
(2) 室内地坪设计标高为±0.000。

四、墙体做法
(1) ±0.000以上均采用KP（圆孔）240mm厚多孔砖。
(2) ±0.000以下采用烧结普通砖。

五、屋面做法
屋面防水等级为二级，设计使用年限为15年，做法为：
(1) 0.5mm厚V-760型暗扣彩钢板。
(2) 50mm厚玻璃丝保温棉+乳白色铝箔。
(3) 合金钢丝网。
(4) 160mm×60mm×20mm×2.3mm C型钢檩条。
(5) 门式刚架。
(6) 天沟采用不锈钢材质。

六、外墙做法
(1) 1:1水泥砂浆勾缝。
(2) 100mm×100mm外墙面砖，勒脚450mm高。
(3) 6mm厚1:2水泥砂浆粘贴层。
(4) 12mm厚1:3水泥砂浆打底扫毛。

七、内墙做法
(1) 内墙涂料（颜色见立面图）。
(2) 2mm厚细纸筋灰，光面。
(3) 1:1:6混合砂浆打底。

八、踢脚板做法
(1) 8mm厚1:2水泥砂浆面层压实赶光。
(2) 12mm厚1:3水泥砂浆底层扫毛或划出纹道。

九、门窗
(1) 门窗尺寸详见平面图。
(2) 玻璃选用5mm厚白色玻璃，铝合金窗（白色）采用90系列型材。

十、地面做法
(1) 150mm厚C20混凝土随捣随抹，伸缩缝规格为6m×4m，做法参照99浙J35图集。
(2) 150mm厚碎石压实。
(3) 素土夯实（压实系数大于等于0.95）。

十一、防火涂层
钢梁涂刷耐火极限1.5h的防火涂料，钢柱涂刷耐火极限2.0h的防火涂料，钢檩条涂刷耐火极限0.5h的防火涂料。防火涂料由甲方自理。

十二、其他
(1) 散水做法参照浙J18—95图集，散水宽度为600mm；伸缩缝间距为12m，做法参照浙J18—95图集。
(2) 雨水管用白色UPVC管材，雨水斗、屋面雨水口加装箅子球（塑料制品）。
(3) 凡有预留孔洞、预埋件的，在施工时须与有关专业密切配合施工。
(4) 本设计涉及的装修面层的材料和色彩均由厂商、承包商制作小样后，经设计认可后方可施工。
(5) 涂装要求：外露金属构件刷防锈漆一道、调和漆一道，色彩另定。木质构件埋入墙体前均需浸满防腐油。无特殊注明的构件均刷调和漆二道，色彩另定。
(6) 有关压型钢板、夹芯板屋面及墙体的建筑构造参照01J925—1图集。
(7) 本工程所有窗户均有窗台。
(8) 工程施工必须严格遵守各项施工、验收规范，其余未尽事项均按现行建筑施工规范及验收规范执行。

门窗表

门窗类型	设计编号	洞口尺寸/mm		图集代号	编号	门窗数	备注
		宽	高				
铝合金窗	C-1	3900	2400	99浙J7	LTC3924C	19	组合窗
	C-2	3900	1500	99浙J7	LTC3915A	组合窗	—
	C-3	4800	2400	99浙J7	仿LTC2424A	组合窗	—
	C-4	4800	1500	99浙J7	仿LTC2415A	组合窗	—
彩钢板门	M-1	4500	4500	—	—	3	推拉门由甲方自理

注：门窗数量以平面图为准。

×××市建筑设计研究院	审定人		校对人		工程名称	单层工业厂房	图纸名称	建筑设计说明	工程编号		阶段	施工图
	审核人		设计负责人								日期	
	项目负责人		设计人		项目名称	2#厂房			图号	J-01	比例	

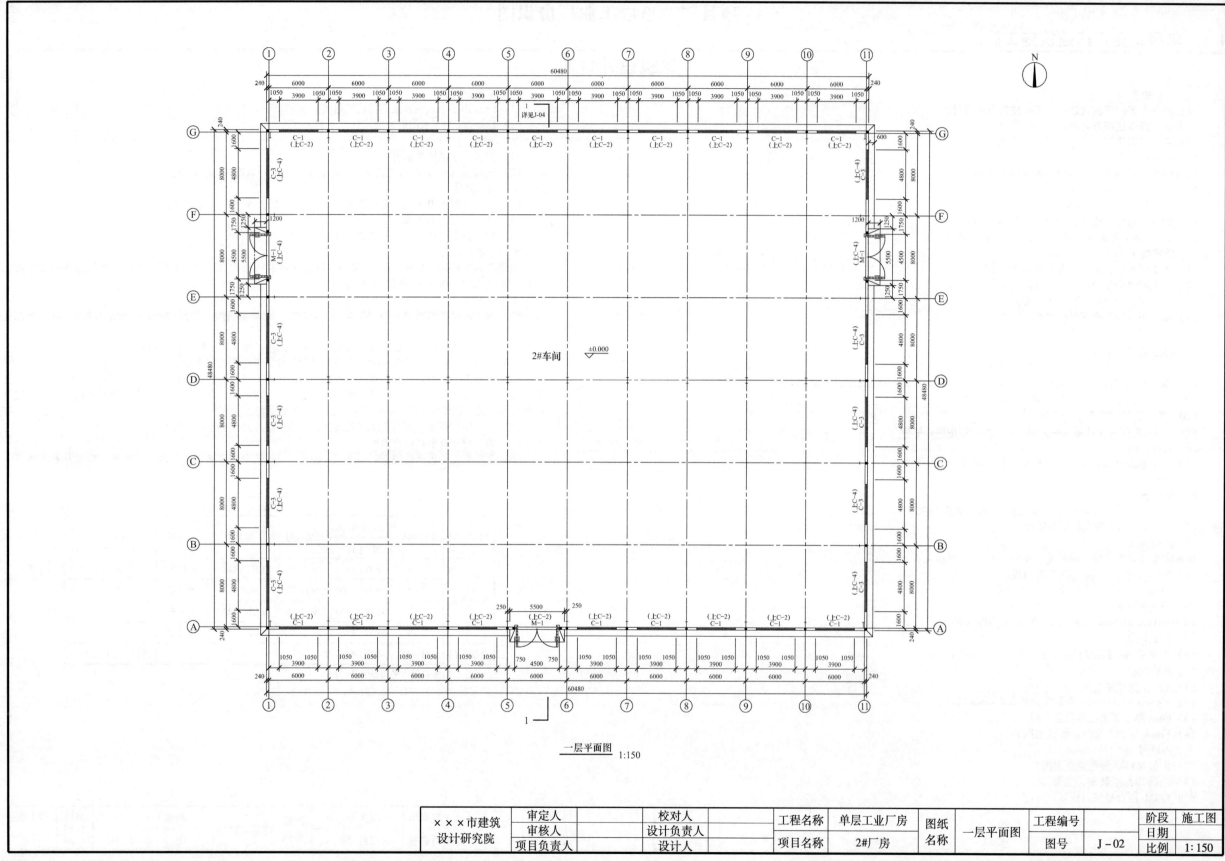

一层平面图 1:150

×××市建筑设计研究院	审定人		校对人		工程名称	单层工业厂房	图纸名称	一层平面图	工程编号		阶段	施工图
	审核人		设计负责人								日期	
	项目负责人		设计人		项目名称	2#厂房			图号	J-02	比例	1:150

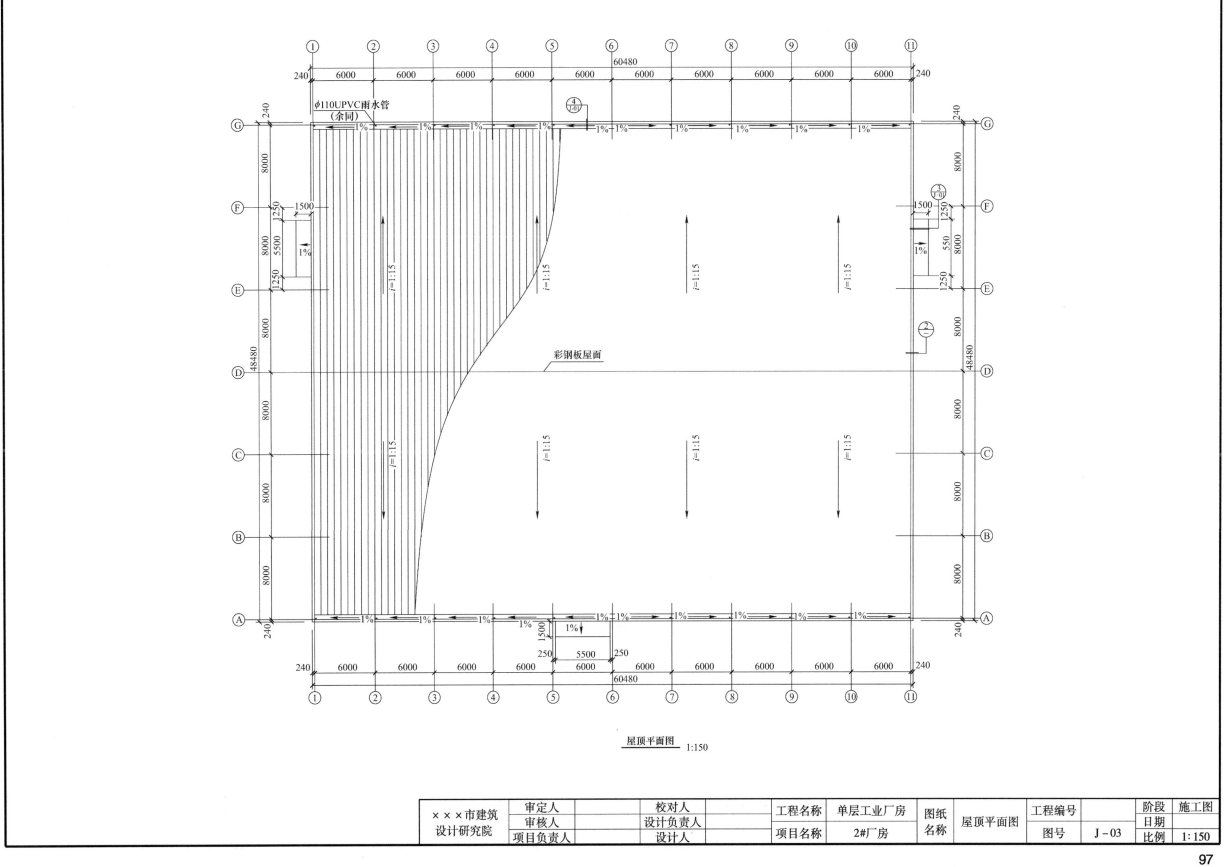

屋顶平面图 1:150

×××市建筑 设计研究院	审定人		校对人		工程名称	单层工业厂房	图纸 名称	屋顶平面图	工程编号		阶段	施工图
	审核人		设计负责人								日期	
	项目负责人		设计人		项目名称	2#厂房			图号	J-03	比例	1:150

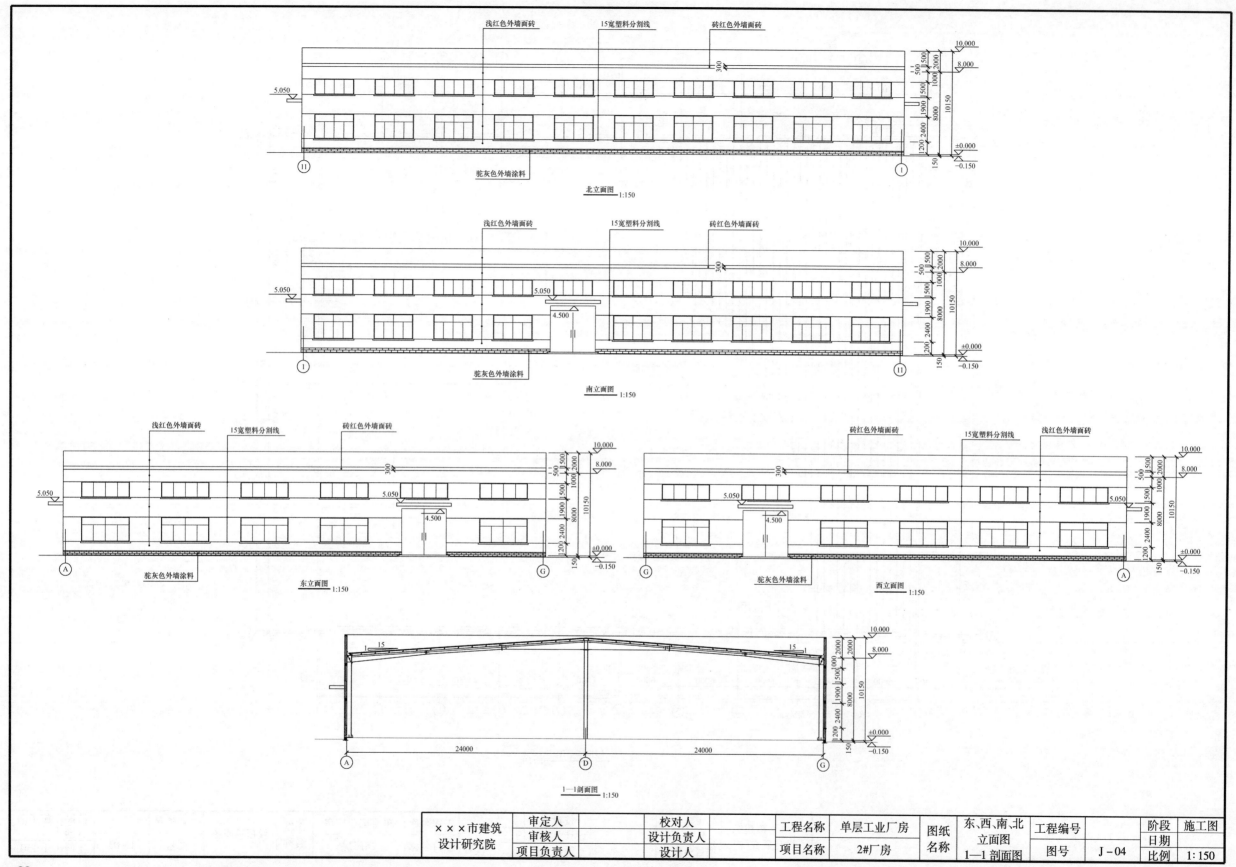

浅红色外墙面砖　　15宽塑料分割线　　砖红色外墙面砖

北立面图 1:150

浅红色外墙面砖　　15宽塑料分割线　　砖红色外墙面砖

5.050

4.500

驼灰色外墙涂料

南立面图 1:150

浅红色外墙面砖　15宽塑料分割线　砖红色外墙面砖

驼灰色外墙涂料

东立面图 1:150

砖红色外墙面砖　15宽塑料分割线　浅红色外墙面砖

驼灰色外墙涂料

西立面图 1:150

24000　　24000

1—1剖面图 1:150

×××市建筑设计研究院	审定人		校对人		工程名称	单层工业厂房	图纸名称	东、西、南、北立面图 1—1剖面图	工程编号		阶段	施工图
	审核人		设计负责人								日期	
	项目负责人		设计人		项目名称	2#厂房			图号	J-04	比例	1:150

结构设计说明

一、设计依据

（1）甲方提供的有关资料及图纸。
（2）《建筑结构荷载规范》（GB 50009—2012）。
（3）《建筑地基基础设计规范》（GB 50007—2011）。
（4）《混凝土结构设计规范》（GB 50010—2010）。
（5）《砌体结构设计规范》（GB 50003—2011）。
（略）

二、结构设计概况

（1）楼面、屋面荷载：屋面活载为 0.50kN/m²；屋面板+保温棉荷载为 0.12kN/m²；屋面檩条荷载为 0.13kN/m²。
（2）基本雪压为 0.55kN/m²。
（3）基本风压为 0.35kN/m²。地面粗糙度为 B 类，场地类别为二类。
（4）混凝土荷载为 25kN/m³，圆孔多孔砖荷载为 14.7~16.7kN/m³。

三、地基基础部分

（1）本工程地基基础设计等级为丙级。基础施工说明详见 G—02。
（2）基础施工时若发现地质实际情况与设计要求不符，须通知设计人员及地质勘察工程师共同研究处理。
（3）沉降观测点设置于室外地面以上 300mm 处。施工到 -0.100 时首次观测，以后每完成一个结构层就观测一次，到顶后每月观测一次，竣工后每年观测三次，直到沉降稳定为止。如沉降有异常应及时通知设计单位。

四、材料

1. 钢筋

（1）Φ为 HPB300 钢筋；Φ为 HRB400 钢筋。
（2）所有外露件均除锈并涂红丹二道。

2. 焊条

选用 E43××型与 E50××型焊条。
（1）E43××型：用于 HPB300 钢筋与 HPB300 钢筋、HPB300 钢筋与 HRB400 钢筋的焊接。
（2）E50××型：用于 HRB400 钢筋与 HRB400 钢筋的焊接。

3. 混凝土

垫层混凝土强度等级为 C15；基础、地梁混凝土强度等级为 C25，其余未注明的混凝土强度等级均为 C30。

4. 砌体

（1）±0.000 以下墙体采用 M7.5 水泥砂浆砌筑 MU10 实心砖，墙两侧为 20mm 厚 1:2 水泥砂浆抹面。
（2）±0.000 以上墙体采用 M5 混合砂浆砌筑 MU10KP1 型烧结多孔砖。

五、结构构造与施工要求

1. 钢筋的混凝土保护层厚度

（1）纵向受力钢筋的混凝土保护层最小厚度满足下表要求：

环境类型	板、墙、壳		梁		柱	
	≤C20	C25~C45	≤C20	C25~C45	≤C20	C25~C45
一类	20	15	30	25	30	30
二类 a		20		30		30

（2）基础中纵向受力钢筋的混凝土保护层厚度不小于 40mm；无垫层时不应小于 70mm。

2. 钢筋接头连接

（1）任何情况下的钢筋锚固长度不得小于 250mm，纵向受拉钢筋的最小锚固长度见下表：

纵向受拉钢筋的最小锚固长度 L_a/mm

钢筋种类	混凝土强度等级	
	C25	C30
HPB300 钢筋	34d	30d
HRB400 钢筋	40d	35d

（2）钢筋采用焊接连接时，焊接长度一般为 10d（单面焊）或 5d（双面焊），梁中直径≥22mm 钢筋采用闪光对焊；其他采用搭接，搭接长度 $L=\zeta L_a$，纵向受拉钢筋搭接长度修正系数 ζ 见下表：

纵向受拉钢筋搭接接头面积百分率（%）	≤25	50	100
纵向受拉钢筋搭接长度修正系数 ζ	1.2	1.4	1.6

3. 砌体结构

（1）砌体施工质量控制等级为 B 级，多孔砖砌筑构造参见 96SJ101 图集。
（2）所有没有梁的门窗顶，均设 C20 混凝土过梁，宽同墙宽。
1）3000mm<洞口宽度≤3900mm 时，洞口高度 H=300mm，上部筋为 3Φ16，下部筋为 3Φ16，箍筋为Φ6@200mm。
2）3900mm<洞口宽度≤4800mm 时，洞口高度 H=400mm，上部筋为 3Φ16，下部筋为 3Φ16，箍筋为Φ6@200mm。
过梁长度宜大于洞口宽度加 500mm，若洞口在柱边，柱内应预留过梁主筋。
（3）若后砌填充墙不砌至梁底时，在墙顶必须设一道通长压梁，梁宽同墙宽，高度为 240mm；配筋为上下各 2Φ12，箍筋为Φ6@200mm。
（4）图中未注明的女儿墙、拦板均在顶部设一道通长压梁，梁宽同墙宽，高度为 240mm；配筋为上下各 2Φ12，箍筋为Φ6@200mm。

六、钢结构制作

（1）钢构件应严格按照《钢结构工程施工质量验收标准》（GB 50205—2020）进行制作，各种构件必须做 1:1 大样加以核对，尺寸无误后再进行下料加工，出厂前应进行预装配检查。
（2）H 形截面各板件的主材拼接应避免在同一截面上发生，应相互错开 200mm 以上。
（3）所有结构用（除特别标明外）加肋板、连接板均为 8mm 厚钢板。
（4）焊接要求：
1）钢梁腹板、翼缘的对接焊缝以及翼缘与传力端板之间的连接焊缝均采用全熔透焊缝，并采用引弧板施工，其焊缝质量等级均为二级，其他焊缝的质量等级为三级。
2）未注明的焊件最小厚度与焊缝厚度根据下表确定。

焊件最小厚度 t/mm	t≤7	8≤t≤10	11≤t≤13	14≤t≤16
焊缝厚度 h_f/mm	6	8	10	12

七、钢结构安装

（1）结构安装前应对构件进行全面检查，如构件的数量、长度、垂直度。安装头处螺栓之间的尺寸应符合设计要求。
（2）结构吊装时，应采取适当措施防止产生过大的弯曲变形。
（3）结构吊装就位后，应及时架牢支撑构件及其他连接构件，保证构件的稳定性。
（4）所有上部结构的吊装，必须在下部结构就位、校正并系牢支撑构件后方可进行。
（5）高强度螺栓施工要求：
1）高强度螺栓孔应采用钻孔成孔。
2）安装前将螺栓和螺母配套，并在螺母内抹少量矿物油。
3）在高强度螺栓连接范围内，构件的接触面采用喷砂处理，不得刷油漆或受到污损，摩擦系数 μ≥0.5。

八、其他

（1）主构件均用抛丸除锈，除锈等级不低于 Sa2.5 级。
（2）防锈涂装采用二道防锈底漆，干膜厚度为 70μm；二道中灰醇酸调和漆或酚醛调和漆，干膜厚度为 70μm。
（3）高强度螺栓施工应特别指明，未指明的螺栓为普通螺栓。
（4）本结构设计说明未提及的内容，按现行有关施工及验收规范执行。
（5）本工程耐火等级为二级，钢梁涂刷耐火极限为 1.5h 的防火涂料，钢柱涂刷耐火极限为 2.0h 的防火涂料，钢檩条涂刷耐火极限为 0.5h 的防火涂料。防火涂料由甲方分包。
（6）施工中应严格遵守国家各项施工及验收规范的规定。本设计未考虑高温及冬（雨）季的施工措施。
（7）凡预留洞的，预埋件均应严格按照结构图并配合其他工种进行施工，严禁自行留洞或事后凿洞。给（排）水及暖通工种的外墙套管和≤300mm 的楼板预留孔详见相关工种图纸。
（8）部分详图及大样图见右边各图：

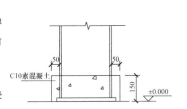
柱脚防护详图

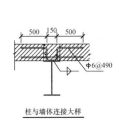
柱与墙体连接大样

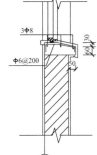
窗台配筋大样

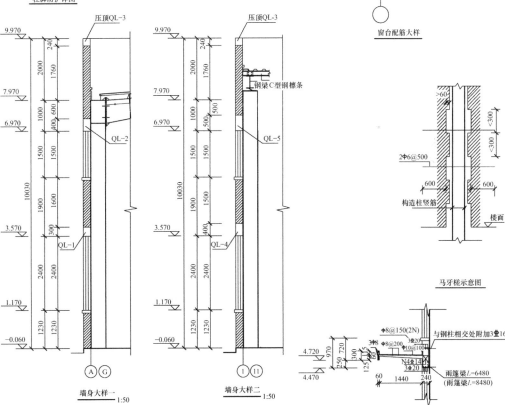

墙身大样一 1:50

墙身大样二 1:50

马牙槎示意图

雨篷详图 1:50
括号中为⑪、⑪轴尺寸。

×××市建筑设计研究院	审定人		校对人		工程名称	单层工业厂房	图纸名称	结构设计说明	工程编号		阶段	施工图
	审核人		设计负责人						日期			
	项目负责人		设计人		项目名称	2#厂房			图号	G—01	比例	

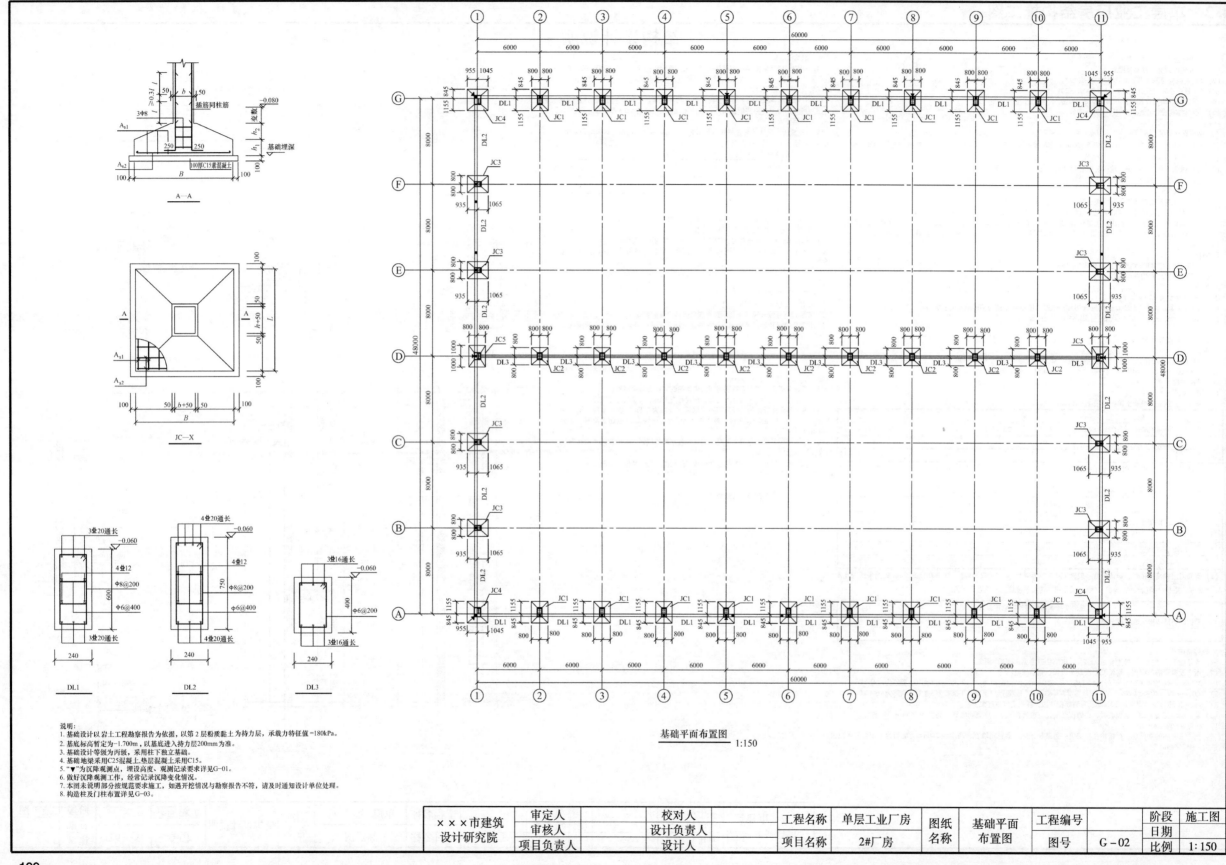

基础平面布置图
1:150

说明:
1. 基础设计以岩土工程勘察报告为依据,以第2层粉质黏土为持力层,承载力特征值fak=180kPa。
2. 基底标高暂定为-1.700m,以基底进入持力层200mm为准。
3. 基础设计等级为丙级,采用柱下独立基础。
4. 基础地梁采用C25混凝土,垫层混凝土采用C15。
5. "▽"为沉降观测点,埋设高度、观测记录要求详见G-01。
6. 做好沉降观测工作,经常记录沉降变化情况。
7. 本图未说明部分按规范要求施工,如遇开挖情况与勘察报告不符,请及时通知设计单位处理。
8. 构造柱及门柱布置详见G-03。

A—A

JC—X

DL1

DL2

DL3

×××市建筑设计研究院	审定人		校对人		工程名称	单层工业厂房	图纸名称	基础平面布置图	工程编号		阶段	施工图
	审核人		设计负责人								日期	
	项目负责人		设计人		项目名称	2#厂房			图号	G-02	比例	1:150

100

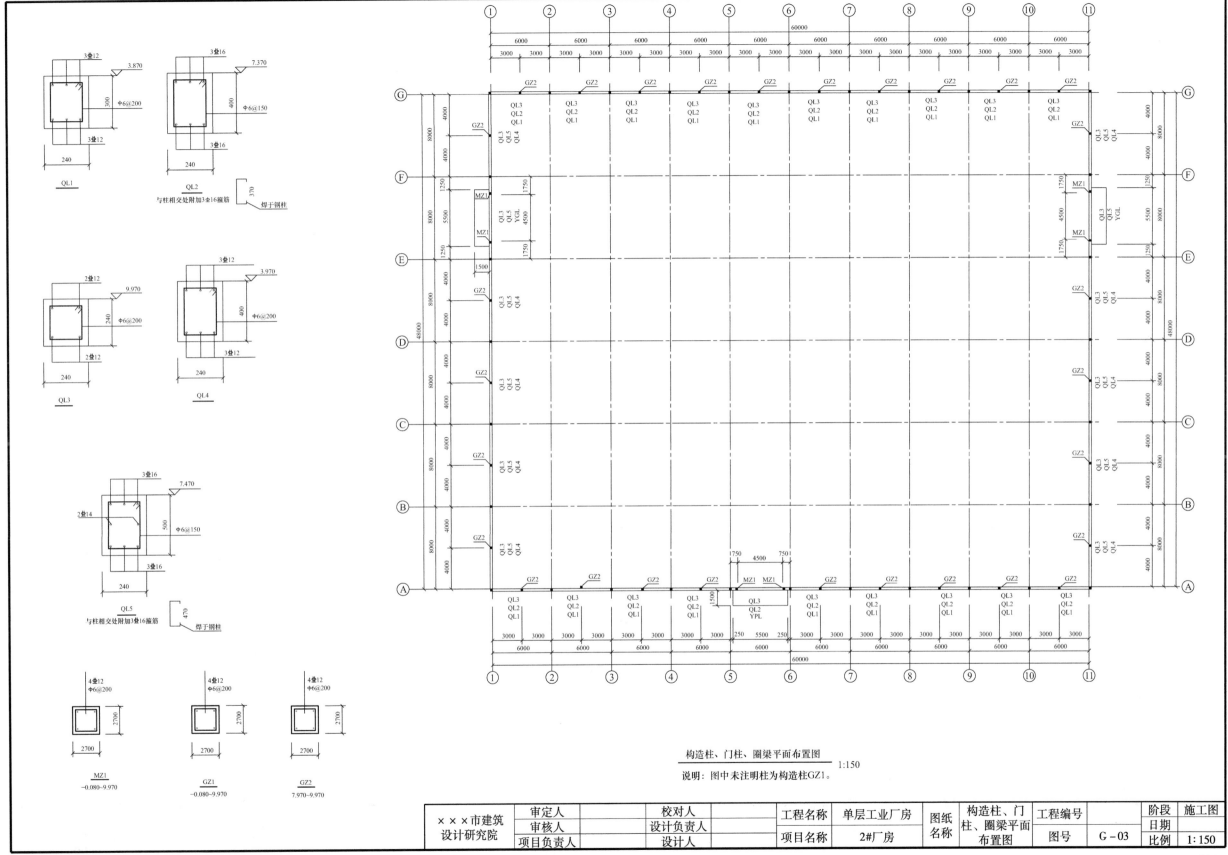

构造柱、门柱、圈梁平面布置图
1:150
说明：图中未注明柱为构造柱GZ1。

×××市建筑设计研究院	审定人		校对人		工程名称	单层工业厂房	图纸名称	构造柱、门柱、圈梁平面布置图	工程编号		阶段	施工图
	审核人		设计负责人								日期	
	项目负责人		设计人		项目名称	2#厂房			图号	G-03	比例	1:150

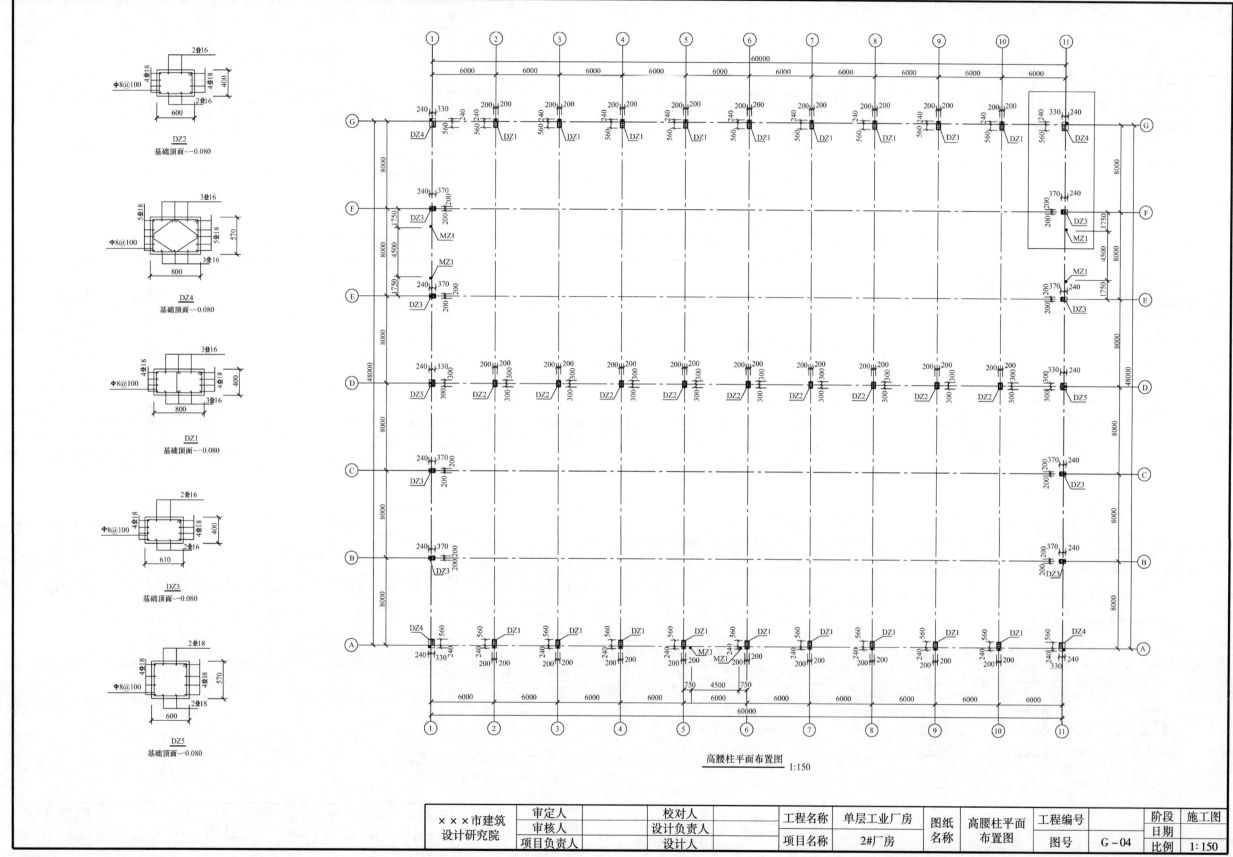

高腰柱平面布置图 1:150

×××市建筑设计研究院	审定人		校对人		工程名称	单层工业厂房	图纸名称	高腰柱平面布置图	工程编号		阶段	施工图
	审核人		设计负责人								日期	
	项目负责人		设计人		项目名称	2#厂房			图号	G-04	比例	1:150

102

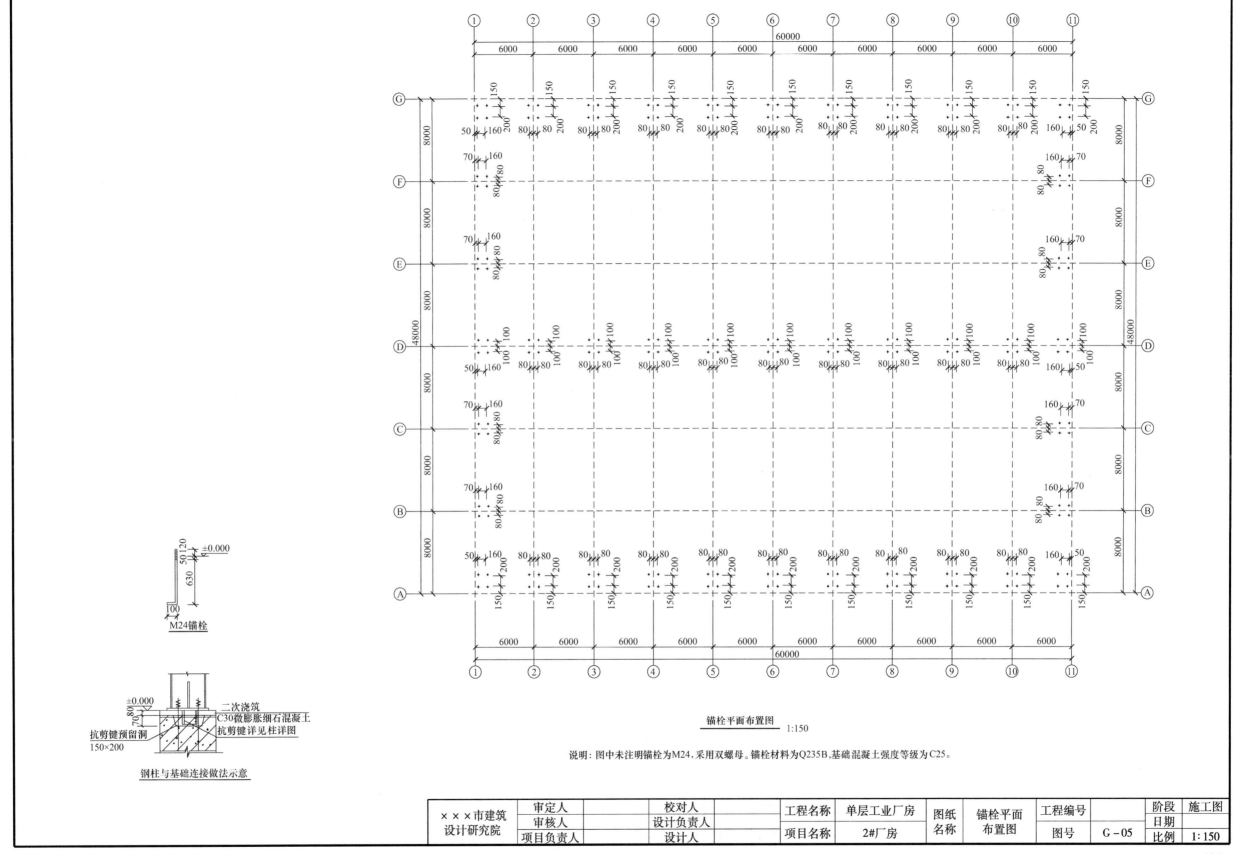

锚栓平面布置图 1:150

说明：图中未注明锚栓为M24，采用双螺母。锚栓材料为Q235B，基础混凝土强度等级为C25。

M24锚栓

二次浇筑
C30微膨胀细石混凝土
抗剪键详见柱详图
抗剪键预留洞
150×200

钢柱与基础连接做法示意

×××市建筑设计研究院	审定人		校对人		工程名称	单层工业厂房	图纸名称	锚栓平面布置图	工程编号		阶段	施工图
	审核人		设计负责人								日期	
	项目负责人		设计人		项目名称	2#厂房	图号	G-05			比例	1:150

103

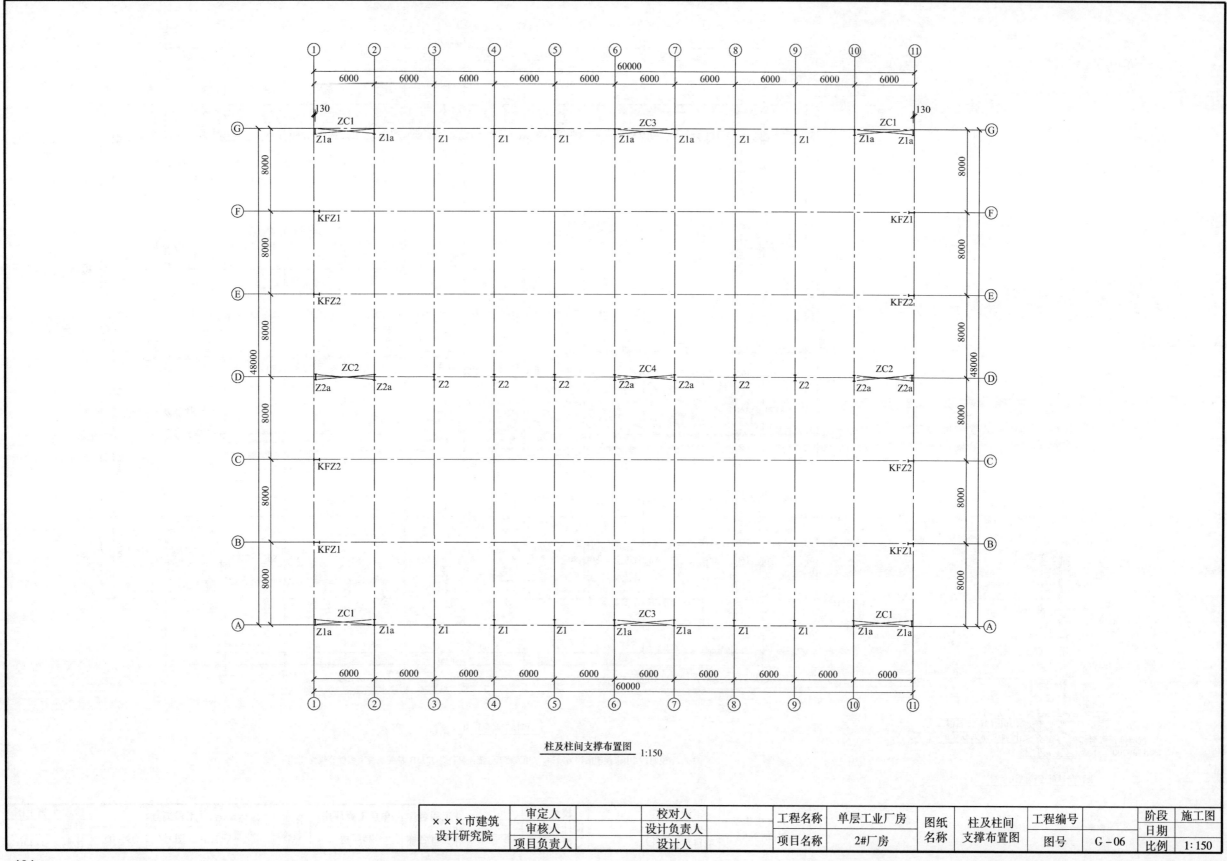

柱及柱间支撑布置图 1:150

×××市建筑设计研究院	审定人		校对人		工程名称	单层工业厂房	图纸名称	柱及柱间支撑布置图	工程编号		阶段	施工图
	审核人		设计负责人								日期	
	项目负责人		设计人		项目名称	2#厂房			图号	G-06	比例	1:150

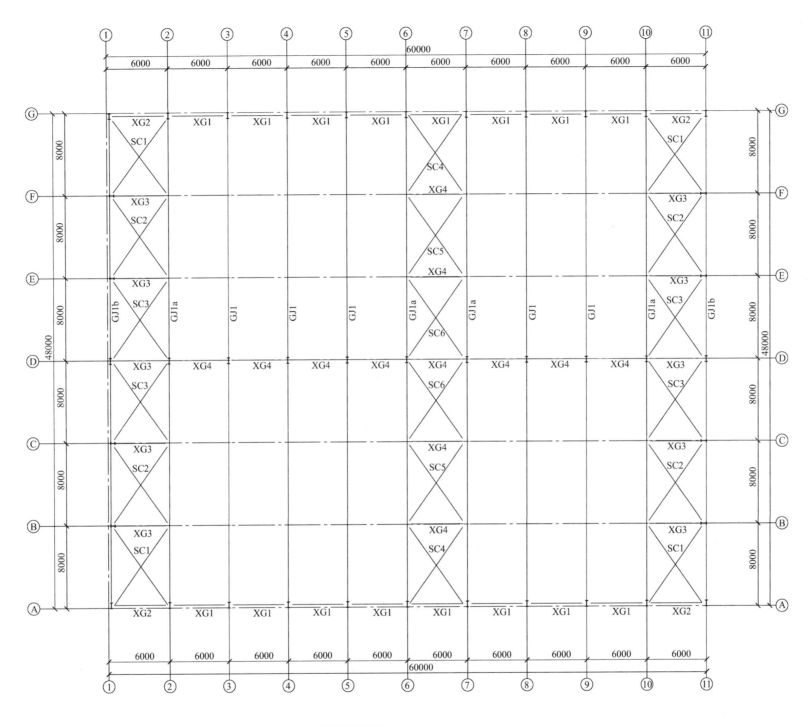

屋顶结构布置图(一) 1:150

×××市建筑 设计研究院	审定人		校对人		工程名称	单层工业厂房	图纸 名称	屋顶结构 布置图(一)	工程编号		阶段	施工图
	审核人		设计负责人								日期	
	项目负责人		设计人		项目名称	2#厂房			图号	G-07	比例	1:150

105

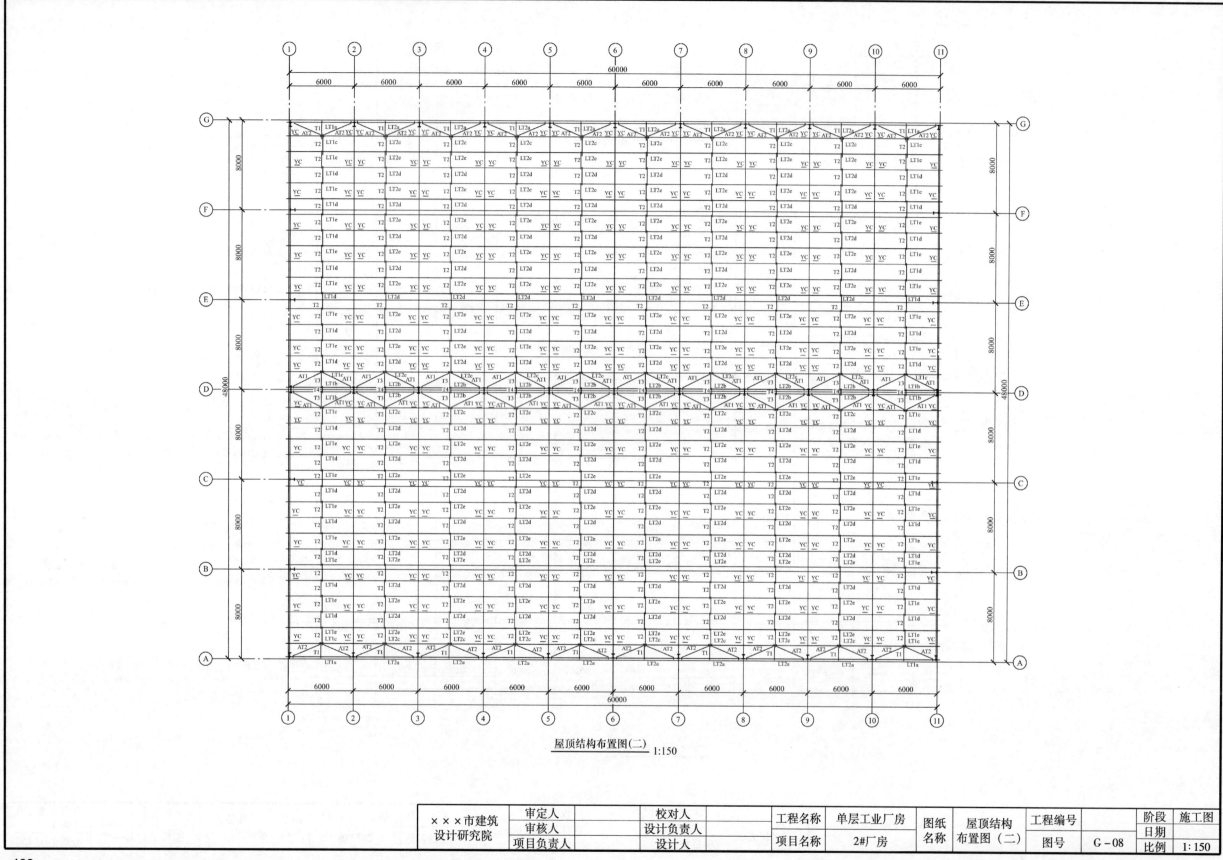

屋顶结构布置图(二) 1:150

×××市建筑设计研究院	审定人		校对人		工程名称	单层工业厂房	图纸名称	屋顶结构布置图（二）	工程编号		阶段	施工图
	审核人		设计负责人								日期	
	项目负责人		设计人		项目名称	2#厂房	图号	G-08			比例	1:150

4.3 单层工业厂房识图习题

4.3.1 建筑施工图识图习题

1. 本工程建筑高度为（　　）m。
   A. 10.000　　　　B. 8.000　　　　C. 9.550　　　　D. 10.150

2. 一层平面图的比例为（　　）。
   A. 1:100　　　　B. 1:150　　　　C. 1:50　　　　D. 1:20

3. 本工程的屋面防水等级为（　　）级。
   A. Ⅰ　　　　B. Ⅱ　　　　C. Ⅲ　　　　D. Ⅳ

4. 本工程的天沟做法为（　　）。
   A. 钢筋混凝土　　B. 预制结构　　C. 不锈钢　　D. 塑料

5. 厂房柱距一般满足模数要求，常采用（　　）M。
   A. 1　　　　B. 10　　　　C. 30　　　　D. 60

6. 本工程的墙体采用的砌体为（　　）。
   A. 多孔砖　　　　B. 实心砖　　　　C. 两种都有　　　　D. 都不对

7. 本工程的散水宽度为（　　）mm。
   A. 600　　　　B. 800　　　　C. 1000　　　　D. 未注明

8. 本工程雨篷底标高为（　　）。
   A. 4.500　　　　B. 5.050　　　　C. 5.000　　　　D. 4.750

9. 本工程共（　　）跨，跨度为（　　）m。
   A. 2，48　　　　B. 1，48　　　　C. 2，24　　　　D. 1，24

10. 本工程雨篷外挑尺寸为（　　）mm。
    A. 1000　　　　B. 1200　　　　C. 1500　　　　D. 1800

11. 本工程大门处，室外如何通向室内，（　　）。
    A. 上3级台阶　　B. 上1级台阶　　C. 坡道　　D. 直接进入

12. 本工程的Ⓖ~Ⓐ轴立面为（　　）。
    A. 东立面　　　　B. 南立面　　　　C. 西立面　　　　D. 北立面

13. 本工程M-1有（　　）个。
    A. 1　　　　B. 2　　　　C. 3　　　　D. 4

14. 本工程耐火等级为（　　）。
    A. 一级　　　　B. 二级　　　　C. 三级　　　　D. 四级

15. 本工程M-1的高度为（　　）mm。
    A. 3500　　　　B. 4500　　　　C. 2100　　　　D. 4650

16. 本工程檐沟的排水纵坡坡度为（　　）。
    A. 5%　　　　B. 2%　　　　C. 1%　　　　D. 1.5%

17. 本工程屋面的排水坡度为（　　）。
    A. 5%　　　　B. 2%　　　　C. 1%　　　　D. 1.5%

4.3.2 结构施工图识图习题

1. 保护层是指结构构件中（　　）至构件表面范围用于保护钢筋的混凝土。
   A. 钢筋外边缘　　B. 钢筋中心点　　C. 钢筋内边缘　　D. 主筋外边缘

2. 本工程场地类别为（　　）类。
   A. 一　　　　B. 二　　　　C. 三　　　　D. 四

3. 本工程的基本雪压为（　　）kN/m²。
   A. 0.35　　　　B. 0.55　　　　C. 2.5　　　　D. 2.0

4. 本工程±0.000以上墙体材料为（　　）。
   A. MU10实心砖、M5水泥砂浆　　　　B. MU10多孔砖、M5混合砂浆
   C. MU10多孔砖、M7.5水泥砂浆　　　D. MU20实心砖、M10水泥砂浆

5. 本工程屋面的设计活荷载为（　　）kN/m²。
   A. 2.0　　　　B. 2.5　　　　C. 3.0　　　　D. 0.5

6. 下列关于本工程过梁的说法正确的是（　　）。
   A. 门窗洞口的上方需设置过梁　　　　B. 所有过梁高300mm
   C. 所有过梁高400mm　　　　　　　　D. 所有过梁无需设置箍筋

7. 钢结构连接的方式有（　　）（多选）。
   A. 绑扎连接　　B. 螺栓连接　　C. 锚栓连接　　D. 机械连接
   E. 焊接连接

8. 本工程采用的基础形式为（　　）。
   A. 条形基础　　B. 桩基础　　C. 独立基础　　D. 筏形基础

参 考 文 献

[1] 程显风，郑朝灿. 建筑构造与制图 ［M］. 北京：机械工业出版社，2011.

[2] 赵研. 建筑识图与构造 ［M］. 3 版. 北京：中国建筑工业出版社，2014.

[3] 滕春，朱缨. 建筑识图与构造 ［M］. 武汉：武汉理工大学出版社，2012.

[4] 李东锋，唐文锋，王文杰. 建筑工程制图 ［M］. 北京：化学工业出版社，2014.

[5] 王文仲. 建筑识图与构造 ［M］. 4 版. 北京：高等教育出版社，2018.

[6] 刘军旭，雷海涛. 建筑工程制图与识图 ［M］. 2 版. 北京：高等教育出版社，2018.

[7] 王海平，呼丽丽. 建筑施工图识读 ［M］. 武汉：武汉理工大学出版社，2014.

[8] 白丽红. 建筑工程制图与识图 ［M］. 2 版. 北京：北京大学出版社，2014.

[9] 向欣. 建筑构造与识图 ［M］. 北京：北京邮电大学出版社，2013.

[10] 张喆，武可娟. 建筑制图与识图 ［M］. 北京：北京邮电大学出版社，2016.

[11] 李伟珍，张煜，曹杰. 建筑构造 ［M］. 天津：天津大学出版社，2016.

[12] 李元玲. 建筑制图与识图 ［M］. 2 版. 北京：北京大学出版社，2016.